U0237767

茄子病虫害诊断与防治图谱

编著者

王久兴　郑悦忠

金盾出版社

内 容 提 要

本书以大量彩色照片配合文字辅助说明的方式,对茄子种植过程中常见的病虫害进行讲解。分别从症状、发生特点、形态特征和发生规律等几项内容,对侵染性病害、非侵染性病害和虫害3个方面进行分析,并根据受害特点,从多个角度介绍防治方法。本书通俗易懂,图文并茂,技术可操作性强,适合广大茄子种植户阅读,亦可供相关专业技术人员参考使用。

图书在版编目(CIP)数据

茄子病虫害诊断与防治图谱/王久兴,郑悦忠编著 . —北京:金盾出版社,2014.1 (2016.2重印)
ISBN 978-7-5082-8750-8

Ⅰ.①茄… Ⅱ.①王…②郑… Ⅲ.①茄子—病虫害防治—图谱 Ⅳ.①S436.411-64

中国版本图书馆 CIP 数据核字(2013)第 215522 号

金盾出版社出版、总发行
北京太平路 5 号(地铁万寿路站往南)
邮政编码:100036 电话:68214039 83219215
传真:68276683 网址:www.jdcbs.cn
北京印刷一厂印刷、装订
各地新华书店经销
开本:850×1168 1/32 印张:5.5 字数:90 千字
2016 年 2 月第 1 版第 2 次印刷
印数:8 001~11000 册 定价:23.00 元
(凡购买金盾出版社的图书,如有缺页、
倒页、脱页者,本社发行部负责调换)

前　言

　　茄子是在露地和设施都有很大栽培面积的蔬菜，病虫害发生普遍，成因复杂，症状多样，难以确诊，防治困难。基层种植者或技术人员在没有病原鉴定或其他实验室分析手段的情况下，多是凭借经验进行诊断和防治，导致诊断准确性低，防治效果差。

　　针对这一问题，作者挑选了茄子最容易发生且危害严重的典型病虫害，加以详细阐述，而不是泛泛叙述。本书以大量症状照片为依托，从不同发病时期、不同发病部位、不同发病程度等多个角度描述症状，在着重描述典型症状的同时，也从生产实际出发，兼顾非典型症状。从理论的深度，阐述了各种病虫害的成因和发生规律，让有经验的菜农在防治过程中既"知其然"又"知其所以然"。从农业防治、生态防治、物理防治、药剂防治（含生物防治和化学防治）等多角度阐述了病虫害的防治方法，除通用方法外，还加入了作者在20多年的实践中通过调查、研究、总结所积累的大量资料，在防治用药方面，既给出了新农药，也列出了治病效果好且价格低廉的经典老药，有的病害还给出了经验性防治配方。

　　根据作者整理的结果，目前国内茄子常见病虫害至少包括侵染性病害57种，非侵染性病害67种，虫害61种。但由于篇幅有限，不可能一一详述，本书只能秉承"种类少，内容精"的写作原则，虽然不能囊括茄子的所有病虫害，但力图抓住典型，深入论述，让读者能够触类旁通，在短期内提高诊断水平。

另外，欢迎需要进一步学习的读者访问我们的公益性网站——蔬菜病虫害防治网（www.scbch.com），也欢迎使用我们研制的诊病软件——智能蔬菜病虫害诊断与防治专家系统。

对于书中不当之处，欢迎批评指正。

本书文字、图片内容不得用于网站建设或进行网络传播，不得将本书制成电子书！

编著者

目　录

第一章 侵染性病害

一、真核菌类

（一）白 粉 病

【别 名】 白毛病、粉霉病，俗称"上灰"、"下霜"。

【症 状】

1. 叶片 发病初期，在叶片表面出现白色、圆形粉斑，直径5毫米左右，边缘界限明晰。以后，随着病情发展，粉斑数量增多，无规律地分布于叶面（图 1-1）。之后，病斑相互连合成白粉状斑块，严重时叶片正反面均可被粉状物所覆盖，外观好像被撒上一薄层面粉，故名白粉病，白色粉状物是病菌的气生菌丝体及分生孢子。最后，覆盖白粉的部位因不能见光而逐渐干枯，形成穿孔（图 1-2）。后期在叶片边缘或背面常出现许多先黄后黑的小点，这就是病原菌的闭囊壳。

图 1-1 病斑增多

图 1-2 病斑连片

图1-3　病　株

2.植株　植株上的叶片受害不分部位，受害严重时叶片表面被白粉覆盖，逐渐干枯，导致植株大量落叶，严重时枯萎死亡（图1-3、图1-4）。

图1-4　白粉病引发大量落叶

3.果实　幼果萼片和果蒂被白粉所覆盖，导致幼果干枯（图1-5）。大果发病，果面通常不能着生白粉，多在萼片和果蒂上出现大量白粉，影响果实发育（图1-6）。

图1-5　幼果受害状

图1-6　大果受害状

【病原】 *Sphaerotheca fuliginea* (Schlecht.) Poll.，称单丝壳白粉菌，属子囊菌亚门单丝壳属真菌。资料显示，该菌有两个异名或曾用名，其一为 *Sphaerotheca fusca* (Fr.) Blum.，称棕丝单囊壳；其二为 *Sphaerotheca cucurbitae* (jacz.) Z.Y.zhao，称瓜类单丝壳菌。

白粉病菌的有性世代不常发生，即使存在，其在病害侵染循环中所起的作用也并不重要。报道称在晚秋有时产生有性繁殖体，即闭囊壳。闭囊壳褐色至暗褐色，球形、近球形或扁球形，直径70～119微米，表面生3～10根丝状附属丝（菌丝），附属丝褐色，着生在闭囊壳下面，长度为闭囊壳直径的0.8～3倍，有隔膜。闭囊壳内生1个子囊。子囊扁椭圆形或近球形，大小48～96微米×51～70微米，无色透明，少数具短柄，内含8个子囊孢子。子囊孢子单胞，无色，椭圆形或近球形，大小15～20微米×12.5～15微米。

在田间一般常见的是白粉菌的无性世代 *Oidium* sp.（粉孢属），具体讲，陈双林等曾发现茄子无性态病原菌 *Oidium melougena* Zaprometov，张长青和徐志曾报道病原菌 *Oidium cichoracearu* DC。无性态的菌丝体在寄主表皮细胞上营外寄生，以吸器伸入寄主细胞内吸取养分和水分，菌丝在寄主表皮内不断蔓延扩展。白粉菌无性繁殖能力很强。该菌的菌丝丝状，分生孢子梗短，不分枝，棍棒形或圆柱形，无色，有2～4个隔膜。分生孢子串生在直立的分生孢子梗上，单胞，无色椭圆形，大小差异很大，一般为24～45微米×12～24微米。

也有报道认为茄白粉病病原还有 *Golovinomyces cichoracearu*，称作二孢白粉菌。异名：*Erysiphe cichoracearu* DC.，称作菊科白粉菌，属子囊菌亚门真菌。有性世代，闭囊壳球形，直径为85～144微米，附属丝呈菌丝状。子囊6～21个，卵形或椭圆形，基部具短柄,子囊大小44～107微米×23～59微米,内含子囊孢子2个。子囊孢子无色,椭圆形,大小19～38微米×11～22微米。无性态为 *Oidium ambrosiae* Thum,称豚草粉孢霉,属半知菌亚门真菌。叶片及茎上白粉为病菌菌丝和分生孢子梗、分生孢子。菌丝无色,具隔膜。分生孢子梗与菌丝垂直,大小80～120微米×12～14微米,不分枝,较短,顶生分生孢子。分生孢子链状、单胞、无色,大小30～32.2微米×13.2～15微米。

【发病规律】

1．传播途径　病菌以闭囊壳或菌丝体在病残体上越冬,温带地区也可在茄科等寄主上越冬。在病组织上的闭囊壳及分生孢子,有可能成为下一年茄子白粉病的初侵染来源,也可能由其他的寄主传来。翌年产生子囊孢子或分生孢子,靠风、雨、昆虫等传播到叶上进行初侵染。病害的再侵染则靠病叶病斑上的无性态分生孢子,由气流传播,在田间寄主间辗转传播,从表皮直接侵入。

2．发病条件　28℃左右的高温、50%～70%的相对湿度以及弱光照有利于病害的发生和流行。白粉病的分生孢子寿命短,在26℃左右只能存活9小时。据作者观察,影响白粉病发病程度的主要因素是环境湿度,该菌对湿度要求范围很宽,尽管湿度高对分生孢子萌发和侵入有利,但相对湿度下降到25%的情况下,分生孢子仍能萌发侵入危害,空气十分干燥或湿度偏高都容易导致病害流行,天气干旱时,寄主表皮细胞的膨压降低,则有利于病菌的侵入,往往白粉病的发生更为严重。但湿度过高,比如在多雨潮湿的天气里,叶面有水珠或水膜时,分生孢子会因缺氧致死,也会因吸水过多,膨压过高,引起孢子破裂而死,因此,极端高湿对孢子萌发和侵入反而不利,白粉病的发生也不会太重。另外,偏施氮肥,田间管理差,日照少,环境温暖,种植密度大,田间郁蔽,土壤粘重，低洼潮湿利于发病。

【防治方法】

1.农业防治　注意选用抗病品种。合理密植。加强田间管理，避免过量施用氮肥，增施磷钾肥，防止徒长，增强植株抗病力。不施带有病残体的有机肥。及时采收，及时摘除植株下部接触土壤的老叶。加强环境调控，注意通风透光，空气干燥时及时浇水增湿，空气湿度过高时注意减少浇水，通风排湿。

2.药剂防治　发病初期及时喷药，如果空气干燥，应在用药后浇水，提高空气湿度，干燥环境药效不明显。防治白粉病的经典药剂是15%三唑酮（百理通、粉锈宁、百菌酮）可湿性粉剂1 500倍液，在有些地区茄子已经对该药产生抗药性，且该药对植株生长有一定的抑制作用。当前防治白粉病可选用的药剂有：20%恶咪唑可湿性粉剂3 000倍液，25%咪鲜胺（施保克）乳油1 000倍液，25%抑霉唑乳油500倍液，30%氟菌唑（特富灵）可湿性粉剂2 000倍液，50%醚菌酯（翠贝）干悬浮剂3 000倍液，62.25%腈菌唑·锰锌（仙生）可湿性粉剂600倍液，10%苯醚甲环唑（世高）水分散颗粒剂1 000倍液，12.5%烯唑醇（特灭唑、禾果利、速保利、施力脱）可湿性粉剂2 000倍液，5%亚胺唑（霉能灵）可湿性粉剂800倍液，40%氟硅唑（福星）乳油5 000倍液，70%硫磺·甲硫灵可湿性粉剂800倍液，40%硅唑·多菌灵悬浮剂2 000倍液等。交替用药，每次选用上述一种药剂喷雾，每5～7天喷雾1次，连续用药2～3次。很多药剂对植株有抑制作用，注意用药不要过量。

（二）白绢病

【症　状】　茄子白绢病主要危害茎基部。发病初期茎基部表皮变褐，病斑不规则形或梭形，然后逐渐腐烂，病部有时有轮纹（图1-7）。之后，病部接近土壤的位置逐渐出现白色菌丝（图

1-8）。幼嫩组织发病时的症状为软化腐败，与疫病、软腐病等症状类似。

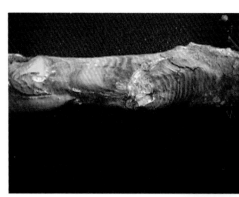

图1-7 初期病斑

图1-8 病部开始出现菌丝

在高湿环境下，茎基部的菌丝会变得十分致密，菌丝体白色，具光泽，绢丝状，本病因此得名"白绢病"（图1-9）。菌丝体上，会逐渐形成黄褐色油菜籽状的小菌核（图1-10）。

图1-9 茎基部致密的菌丝

6

图 1-10　茎基部出现菌核

　　在高湿环境下，即使不靠近土壤的茎段，也会形成菌丝并产生菌核（图 1-11、图 1-12）。由于输导受阻，病株瘦弱、早衰。严重时皮层撕裂，露出木质部，最终导致植株枯死。

图 1-11　茎上的菌丝

图 1-12　茎表面的菌核

【病　原】 *Sclerotium rolfsii* Sacc. 称齐整小核菌（罗氏小核菌），属半知菌亚门丝孢纲无孢目小核菌属真菌。在PDA上菌丝体白色茂盛，呈辐射状扩展。菌丝无色透明，较纤细，具隔膜。菌丝分2型，大菌丝直线生长，宽5.7～8微米，每节细胞长60～100微米，有扣子体；小菌丝宽约2.5微米，生长较不规则。据唐伟等研究，实验室条件下，病菌最适生长培养基为Richard固体培养基和PDA，菌丝生长温度为15℃～40℃，最适30℃。菌丝生长的致死条件为50℃处理15分钟。在偏酸性条件下生长较好，生长适宜pH值为4.0～6.0，最适为5.0。在所测试的碳源中，对蔗糖的利用最好，对乳糖和半乳糖利用最差，氮源测试结果显示对蛋白胨和硝酸钾利用最好，对尿素的利用最差。也有人称最适碳源为可溶性淀粉，最适氮源为硝酸铵。

菌核由菌丝构成。菌核表层由3层细胞组成，外层棕褐色，表皮层下为假薄壁组织，中心部位为疏丝组织，后两组织都无色，肉眼看去呈白色。其中的外皮含可抵抗不利环境之黑色素，外观很像萝卜或油菜种子，为存活于土壤或介质中的主要构造。发育初期，菌丝分枝增加并交织后形成白色菌核苞芽，逐渐形成菌核，外观初呈乳白色，略带黄色。老熟后变为茶褐色或棕褐色，球形至卵圆形，直径0.5～3毫米，多数直径1～2毫米，表面光滑具光泽。唐伟研究表明，菌核萌发温度为15℃～40℃，最适为30℃。菌核在含水量≥50%的麸皮基质上萌发较好，适宜萌发的pH值范围为3.0～9.0，菌核的抑制萌发温度为50℃10分钟。高温高湿条件下，产生担子及担孢子。担子无色，单胞，棍棒状，大小16微米×6.6微米，小梗顶端着生单胞无色的担孢子。

有性态为 *Athelia rolfsii* (Cursi) Tu. & Kimbrough.，称罗耳阿太菌，属担子菌亚门真菌。在自然界中不易产生有性世代，需用人工诱导。担子器棍棒状，形成于分枝菌丝的顶端，上生 2 ～ 4 个担子柄，其上着生担孢子。担孢子梨形或椭圆形，无色，单胞，平滑，大小约 7.17 微米 ×4.80 微米。病菌发育适温 32℃ ～ 33℃，最高 40℃，最低 8℃，最适 pH5.9。

此外，有报道认为，*Corticium rolfsii* (Sacc.) Curzi，称作罗耳伏革菌，也是该病病原。

【发病规律】

1. 传播途径　病菌主要以菌核或菌丝体在土壤中或病残体上越冬，菌核抗逆性强，耐低温，在 −10℃ 或通过家畜消化道后尚可存活，自然条件下经 5 ～ 6 年仍具萌发力。条件适宜时，菌核萌发产生菌丝，从寄主近地茎基部或根部侵入，潜育期 3 ～ 10 天。出现中心病株后，在病部表面和地表形成白色绢丝状菌丝体及圆形小菌核，在向四周蔓延。在田间病菌主要通过雨水、灌溉水、肥料及农事操作等传播蔓延。

2. 发病条件　温度、湿度、土壤有机质含量、酸碱性、通气性影响发病。

温度条件对病害蔓延有很大影响。菌丝生长适温 25℃ ～ 33℃，最高 40℃，最低 8℃。发芽最适温度为 21℃ ～ 30℃，超过此温度范围时，发芽率明显降低，低于 21℃ 菌核不易萌发。病菌不耐低温，15℃ 以下菌丝不易生长，轻霜即能杀死菌丝体，菌核在经受短时间 −20℃ 后就会死亡。

适度的潮湿环境适合病菌的发育。菌丝不耐干燥，较高的空气相对湿度对本病发展非常有利，湿度达到饱和状态时，菌丝可向植株上方蔓延，反之则仅于地面发生。菌核不耐高湿。土壤含水量在 20% 时，菌核腐生能力最高，随含水量增加，菌核发芽率降低，比如，在夏季灌水条件下，菌核经 3 ～ 4 个月就死亡。

病菌耐酸碱度范围 pH1.9 ～ 8.4，最适 pH5.9。

连作地，酸性土或砂性地，行间通风透光不良，施用未充分腐熟的有机肥等情况下发病重。该病在高温高湿的6～7月易发病。

【防治方法】

1. 农业措施　发现病株及时拔除，集中深埋或烧毁，条件允许的可进行深耕，把病菌翻入土层深处。有条件时，发病重的田块可实行水旱轮作，也可与禾本科作物进行轮作。施用腐熟有机肥。南方发病重的田块，每667米^{2}施消石灰100千克，把土壤酸碱度调到中性。大量施用腐熟有机肥。

2. 药剂防治　一旦发现病株必须拔除，集中烧毁，同时还要除去土壤表面的白色菌丝和菌核，并且在病穴及四周撒石灰粉进行消毒，最好用75%五氯硝基苯500倍液进行土壤消毒，每穴灌药0.5升。

发病初期选择下列药剂喷淋茎基部防治：40%五氯硝基苯粉剂悬浮液1 000倍液，20%甲基立枯磷乳油1 000倍液，40%氟硅唑乳油6 000倍液，43%菌力克悬浮剂8 000倍液，10%世高水分散粒剂8 000倍液，45%特克多悬浮剂1 000倍液，50%利克菌可湿性粉剂500倍液，50%敌菌灵可湿性粉剂400倍液等。隔7～10天1次，防治1～2次。

还可将杀菌剂配成高浓度溶液，涂抹茎基部发病处，防效明显。

也可用15%三唑酮可湿性粉剂或50%甲基立枯磷可湿性粉剂1份，兑细土100～200份，撒在病部根茎处，防效明显。

利用木霉菌防治白绢病。用培养好的哈茨木霉（*Trichoderma harzianum* Rifai）菌种，混合到灭菌过的麸皮上，配成木霉制剂。使用时，把木霉制剂0.4～0.45千克，加50千克细土，混匀后撒覆在病株基部，土壤要保持一定的湿度，促使木霉在土壤中大量生长和繁殖，以抑制白绢病菌的生长，从而达到防病的目的。

（三）斑枯病

【症状】　主要危害叶片。通常是接近地面的老叶最先发病，以后逐渐蔓延到上部叶片。初发病时，叶片上出现褪绿小斑，初期浅黄色，逐渐变为褐色，圆形，直径 1 ~ 2 毫米（图1-13）。叶背病斑浅绿色至浅褐色，有金属光泽（图1-14）。

图 1-13　初期褪绿斑

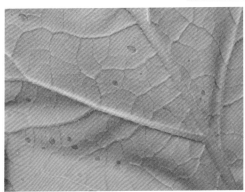

图 1-14　叶背圆斑

后期，病斑变为暗褐色，病部失水后,病斑破碎、穿孔(图1-15、图1-16）。

图 1-15　叶上密布病斑

图 1-16　病斑穿孔

【病　原】 *Septoria lycopersici Speg.*，称作番茄壳针孢，属半知菌亚门球壳孢目壳针孢属真菌。分生孢子器球形或扁球形，黑色，初埋生于寄主表皮下，后部分突破表皮，外露呈小黑点状，大小 49 ～ 122.5 微米 ×49 ～ 128.6 微米，壳壁较疏松，壁外常粘附部分菌丝体。分生孢子生于扁球形器底部，数量大。成熟后，在分生孢子器的顶部形成一个孔口，孔口外壁较薄，直径 7.5 ～ 57.5 微米。分生孢子由孔口逸出。单个孢子无色，丝状或针状，直或微弯，具 3 ～ 9 个隔膜，大小 45 ～ 90 微米 ×2.3 ～ 2.8 微米。

【发病规律】

1. 传播途径　病菌主要以分生孢子器或菌丝体随病残体遗留在土中越冬，也可以在多年生的茄科杂草上越冬。国外曾经报道种子可以传病，但国内尚未证实。翌年病残体上产生的分生孢子是病害的初侵染来源。分生孢子器吸水后从孔口涌出分生孢子团，借雨水溅到叶片上，所以接近地面的叶片首先发病。此外，雨后或早晚露水未干前，在田间进行农事操作时可以通过人手、衣服和农具等进行传播。分生孢子在湿润的寄主表皮上萌发后从气孔侵入，菌丝在细胞间蔓延，以分枝的吸器穿入寄主细胞内吸取养分，使细胞发生质壁分离而死亡。菌丝成熟后形成新的分生孢子器和分生孢子进行再次侵染。

2. 发病条件　　菌丝生长的适宜温度为 25℃ 左右，最低 15℃，最高 28℃。在温度为 25℃ 和饱和的相对湿度下，48 小时内病菌即可侵入寄主组织内。在温度为 20℃ ～ 25℃ 时，病斑发展快且易产生分生孢子器，而在 15℃ 时，分生孢子器形成慢。在适宜的发病条件下，病害潜育期 4 ～ 6 天，10 天左右即可形成分生孢子器。

温暖潮湿和阳光不足的阴天，有利于斑枯病的产生。当气温在 15℃ 以上，遇阴雨天气，同时土壤缺肥、植株生长衰弱，病害容易流行。在高温干燥的情况下，病害的发展受到抑制。斑枯病常在初夏发生，到果实采收的中后期蔓延很快。

【防治方法】

1. 农业防治　　从无病株上选留种子。重病地与非茄科作物实行 3 ～ 4 年轮作，最好与豆科或禾本科作物轮作。茄子采收后，要彻底清除田间病株残余物和田边杂草，集中沤肥，经高温发酵和充分腐熟后方能施入田内。

2. 物理防治　　通过高温对种子进行消毒，如种子带菌，可用 50℃ 温汤浸种 25 分钟，然后催芽播种。

3. 药剂防治　　发病初期，选择下列药剂喷雾防治：25% 咪鲜胺乳油 1 000 倍液，40% 嘧霉胺悬浮剂 1 000 ～ 1 500 倍液，65.5% 霜霉威水剂 600 ～ 1 000 倍液，72.2% 克露（疫菌净、威克、仙露、霜克）可湿性粉剂 600 倍液，10% 苯醚甲环唑水分散粒剂 800 ～ 1 200 倍液，25% 嘧菌酯（阿米西达）悬浮剂 1 000 ～ 1 200 倍液，90% 新植霉素可湿性粉剂 2 500 倍液，3% 中生菌素可湿性粉剂 2 000 ～ 3 000 倍液，50% 扑海因（异菌脲）可湿性粉剂 1 000 ～ 1 500 倍液，40% 氟硅唑乳油 8 000 ～ 10 000 倍液，12.5% 烯唑醇可湿性粉剂 2 000 倍液等。每 5 ～ 7 天喷药 1 次，连续防治 2 ～ 3 次。

或用45%百菌清烟剂熏烟，每667米^{2}施250克，也可用5%百菌清粉尘剂喷粉，每667米^{2}施1千克。

（四）果腐病（黑根霉）

【别　名】　根霉软腐病。

【症　状】　主要危害果实，幼果、成果均可发病，近成熟或成熟后没有及时采收的近地面果实最易染病。果实染病初期生水浸状褐色斑，后迅速扩展到整个果实，迅速出现大面积软化现象，致果实、果柄变褐、软化、腐败，湿度高时病部表面产生灰白色霉层（图1-17）。经过一段时间后在白色霉层上生出黑蓝色菌丝体，似大头针状，即病菌孢子囊梗和孢子囊（图1-18、图1-19）。病果迅速腐烂，多脱落，个别干缩成僵果挂在茄株上（图1-20）。

图1-17　果面出现白霉

图1-18　黑蓝色霉层

14

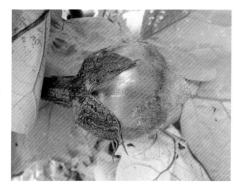

图 1-19　中期病果

图 1-20　后期病果

【病　原】*Rhizopus stolonifer* （Ehrenb.）Lind，称作匍枝根霉（黑根霉），属接合菌亚门真菌毛霉目毛霉科。异名：*Rhizopus nigricans* Fhrenb 。

黑根霉由分枝、不具横隔的白色菌丝组成，在病组织表面横生的菌丝叫匍匐菌丝。匍匐菌丝膨大的地方向下生出假根，伸入果实中以吸取营养；向上生出数条直立的孢子囊梗，孢子囊梗丛生在匍匐菌丝上，无分枝，直立，下部是假根，孢囊梗 2 ～ 3 根丛生在假根上，与假根成反方向生长。

孢囊梗顶端膨大形成孢子囊，孢子囊褐色至黑色，大小 65 ～ 350 微米，球形至椭圆形或不规则形，能产生大量具多核的孢囊孢子。孢囊孢子近球形、卵形、多角形或梭形，单胞，褐色至蓝

15

灰色，表面具线纹，呈蜜枣状，大小 5.5 ~ 13.5 微米 ×7.5 ~ 8 微米。孢子囊成熟后破裂，黑色的孢子散落出来，在适宜的条件下，即可萌发成新的菌丝体。孢子发芽温限 15℃ ~ 33℃，26℃ ~ 29℃发育最好，35℃经 10 分钟死亡。

接合孢子球形或卵形，黑色，表面具瘤状突起，大小 160 ~ 220 微米。23℃ ~ 25℃发育最好，低于 6.5℃、高于 30.7℃不能发育，该菌腐生力强。

有拟接合孢子，未见厚垣孢子。

【发病规律】

1. 传播途径　病菌寄生性弱，分布十分普遍，可在多汁蔬菜的残体上以菌丝营腐生生活，翌春条件适宜产生孢子囊，释放出孢囊孢子，靠风雨传播。病菌从伤口或生活力衰弱或遭受冷害的部位侵入，该菌分泌果胶酶能力强，致病组织呈浆糊状，在破口处又产生大量孢子囊和孢囊孢子，进行再侵染。

2. 发病条件　气温 23℃ ~ 28℃，相对湿度高于 80%易发病，雨水多或大水漫灌，田间湿度大，整枝不及时，株间郁闭，果实伤口多发病重。

【防治方法】

1. 农业防治　加强肥水管理，适当密植，及时整枝或去掉下部老叶，保持通风透光。防止产生日烧果，果实成熟后及时采收。采用高畦或起垄栽培，雨后及时排水，严禁大水漫灌，棚室要及时放风，防止湿气滞留。

2. 药剂防治　发病初期喷雾防治，可选择的药剂有：30%碱式硫酸铜（绿得保）悬浮剂 400 ~ 500 倍液，77%可杀得可湿性微粒粉剂 500 倍液，50%琥胶肥酸铜可湿性粉剂 500 倍液，14%络氨铜水剂 300 倍液，50%混杀硫悬浮剂 500 倍液，36%甲基硫菌灵悬浮剂 600 倍液，每 667 米^{2}喷药液 60 升，隔 10 天左右 1 次，防治 2 ～ 3 次。采收前 5 天停止用药。

（五）褐色圆星病

【别　名】　褐星病。

【症　状】　本病病菌只危害叶片，尚无关于危害果实、茎、根系的报道。

1. 叶片　发病初期，叶片上出现小米粒大小的病斑，在叶面零星分布，圆形，浅黄色，逐渐变为浅褐色。由于处于扩展阶段，病斑周围往往有浅黄色晕圈（图 1-21）。叶背对应部位病斑也呈褐色，但不一定呈明显的圆形（图 1-22）。

图 1-21　发病初期叶面症状

图 1-22　发病初期叶背症状

之后，病斑逐渐扩大，呈明显的圆形，个别为近圆形，早期呈浅褐色，病部变薄，病斑直径 5 毫米左右，边缘颜色略深但表

现不明显，个别病斑可见轮纹（图 1-23、图 1-24）。病斑边缘产生灰白色霉状物，生于叶面和叶背。

图 1-23　发病中期的病叶

图 1-24　浅褐色圆斑

随病情发展，老的病斑颜色加深，呈褐色或红褐色，直径 6毫米左右，不再扩大，后期病斑穿孔，由于新的病斑在不断出现，因而在同一病叶上，大小不等、颜色不一的新老病斑同时存在（图 1-25、图 1-26）。

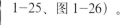

图 1-25　新老病斑同时存在

图1-26　个别病斑穿孔

此时，需要注意的是，病斑颜色往往是不均匀的，病斑中央褪为灰褐色，病斑中部有时破裂，边缘仍为褐色或红褐色，湿度高时，病斑上可见灰色霉层，即病原菌的繁殖体（图1-27、图1-28）。

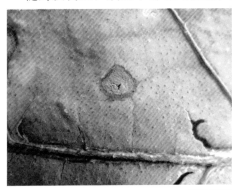

图1-27　后期病斑（正面）

图1-28　后期病斑（背面）

有的病斑偏大，比较薄，表面有金属光泽，然后相互连片，形状不定，叶片易破碎（图1-29、图1-30）。

19

图 1-29 病斑
表面有光泽

图 1-30 叶背病斑连片

图 1-31 叶片变黄

最后，发病叶片生长受阻，病斑多时叶片枯死，后期严重时病斑破裂穿孔，叶色枯黄，失水后干枯，过早脱落（图 1-31、图 1-32）。

图 1-32　病叶干枯

2.植株　此病侵染迅速，危害严重。植株中下部叶片普遍发病，整体叶色偏黄，严重影响产量（图 1-33、图 1-34）。

图 1-33　发病植株

图 1-34　病株生长不良

【病　原】 *Cercospora solani-melongenae* Chupp。异名 *Paracercospora egenula* (Sydow) Deighton，*Pseudocercospora egenula*，*Cercospora melongenae*。称作茄生尾孢，半知菌亚门链孢霉目黑霉科真菌。

病原子实体生于叶片正面和背面。子座无或由少数褐色细胞组成。菌丝无色有分隔。

分生孢子梗非常紧密地簇生，暗褐色，单枝呈淡橄榄褐色，直或微弯，顶端钝圆呈膝状，0～1隔膜，大小16～36微米×3～4.5微米。分生孢子鞭形、近圆柱形、倒棍棒状、圆柱形，淡色至淡橄榄色，直或稍弯，基部截形或近截形，顶端较钝，较圆。具1～10个隔膜，大小18～98微米×3.5～5.5微米。在光照条件下，PDA培养产孢量、孢子体积、孢子分隔数与黑暗条件下比较差异很大。光照条件下，孢子数量多，体积大，分隔多，而黑暗条件则相反。

也有报告称病原菌还有 *Pseudocercospora ocellata*。

【发病规律】

1. 传播途径　病菌以分生孢子或菌丝块在被害部越冬，翌年在菌丝块上产出分生孢子，借气流或雨水溅射传播蔓延。

2. 发病条件　北方菜区，本病见于7～8月份，冬暖大棚保护地栽培茄子可常年发生此病。南方茄子栽培区也常年发病。病菌喜温暖多湿条件，22℃～24℃，相对湿度90%以上适于发病。夏秋多雨，或雨不多但昼夜温差大、露水重，温暖多湿天气，地势低洼潮湿，株间郁闭病害容易发生并发展迅速。植株生长衰弱，病情明显加重。茄子品种间对此病的抗病性有差异。

【防治方法】

1. 农业防治　发病严重的地区应选用抗病品种。加强肥水管理，清沟排渍，轻浇勤浇水，隔沟浇水，浇水后及时中耕松土，散湿保墒。合理密植，搞好整枝，改善株行间通透性。雨季及时排除田间积水。增施磷钾肥，喷施叶面肥，提高植株抗病能力。

2. 生态防治　该病易在温暖多湿或低洼潮湿的环境下发病。所以预防褐色圆星病，首先应降低棚内湿度。在保证棚内温度的前提下，搞好大棚通风排湿，降低棚内空气湿度，尽量放风，排除湿气。减少大水漫灌，建议膜下浇小水润垄。中午光照充足时，闷棚 1 ～ 2 小时，提高棚温来降湿。在调温和保温的前提下，张挂镀铝反光幕，增加棚内光照强度。

3. 药剂防治　及时喷药预防，发病初期选择下列药剂喷雾：33.5% 八羟基喹啉铜 1 500 倍液，40% 多·硫悬浮剂 600 倍液，36% 甲基硫菌灵悬浮剂 500 倍液，75% 百菌清可湿性粉剂 800 倍液，86.2% 氧化亚铜 1 000 倍液，50% 苯菌灵可湿性粉剂 1 500 倍液，25% 强力苯菌灵乳油 1 000 倍液，50% 多菌灵可湿性粉剂 800 倍液，40% 多·硫悬浮剂 600 倍液，50% 混杀硫（甲·硫）悬浮剂 500 倍液等。

可选用的配方有：75% 百菌清可湿性粉剂 800 倍液 +70% 甲基硫菌灵可湿性粉剂 800 倍液；50% 多菌灵可湿性粉剂 800 倍液 +70% 代森锰锌可湿性粉剂 800 倍液；70% 甲基硫菌灵 800 倍液 +75% 百菌清可湿性粉剂 800 倍液；50% 咪鲜胺锰盐（咪鲜胺锰络合物，成分：咪鲜胺 + 氯化锰）可湿性粉剂 1 000 倍液 +3% 恶·甲（恶霉灵·甲霜灵）水剂 300 倍液 +80% 甲壳素 6 000 倍液。

由于茄子叶片表皮毛多，为增加药液附着性，药液中应加入 0.1% ～ 0.2% 的洗衣粉或 0.03% ～ 0.05% 的有机硅粘着剂。每 7 天喷药 1 次，连续防治 2 ～ 3 次。

（六）黑枯病

【别　名】　棒孢叶斑病。

【症　状】　黑枯病可侵染茄子的叶片、果实及茎等，主要危害叶片。

1. 叶片　叶片染病，初期，叶面先出现灰褐色、灰黑色、紫黑色近圆形小点，直径 2 ～ 5 毫米，大小不一，零星分布，后病斑颜色略有加深，扩展为圆形或近圆形病斑，病斑外多具黄绿色晕圈（图1-35）。以后病斑再经逐渐扩大，有的病斑受叶脉限制略呈星状，中央颜色浅，甚至呈灰白色。在潮湿的条件下，病斑较大，近圆形或不规则形，直径为5～15毫米，边缘紫黑色，内部为浅褐色，部分病斑形成不太明显的轮纹，边缘无明显的晕圈（图

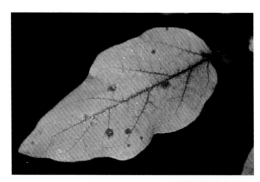

1-36）。湿度大时病斑背面出现灰褐色霉层，即病菌的分生孢子梗和分生孢子。

图1-35 叶面病斑

图1-36 高湿环境下的大斑

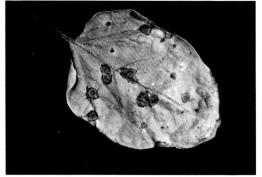

叶背病斑褐色，无明显轮纹，大小不一（图1-37）。后期，病斑形成星状穿孔（图1-38）。病斑多时可以引起茄子的早期落叶。

图1-37 叶背症状

图 1-38　病斑穿孔

2．茎　茎部受害，形成梭形病斑，病部变为淡褐色，有时可见轮纹，随后，表面凹陷或龟裂（图 1-39）。最后呈干腐状，表面密生黑色霉层，严重时，病部以上的植株茎叶萎蔫（图 1-40）。

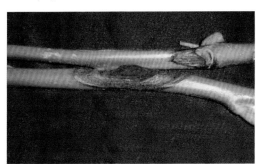

图 1-39　茎部病斑

图 1-40　病部密生黑霉

3. 果实 侵染果实时，初期，病果表面形成较多的水泡状隆起病斑，直径 5 毫米以内，逐渐增多，后期变为木栓化开裂，凸起消失（图 1-41、图 1-42、图 1-43）。高湿环境下，病斑凹陷腐烂，严重影响茄子的品质。果柄发病，形成不规则形点状褐斑，逐渐连片，导致果实脱落或干腐（图 1-44）。

图 1-41 果面出现少量泡状凸起

图 1-42 凸起增多

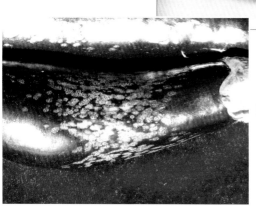

图 1-43 病部木栓化

图 1-44　果柄症状

【病　原】　*Corynespora melongenae* Takimoto，称作茄棒孢菌，属半知菌亚门棒孢属真菌。分生孢子梗细长，浅褐色至深黑色，其上单生或串生分生孢子。分生孢子棒槌状，初期颜色较淡，后变为褐色至深紫黑色，具有 1 ~ 16 个隔膜。此病菌在日本、印度发现较多。病菌发育的适宜温度为 22℃ ~ 28℃，在 PDA 培养基上生长较慢，初期为白色，后期颜色加深为灰色。

【发病规律】

1. 传播途径　病原菌主要以菌丝体或分生孢子随病残组织在土壤中越冬，也可附着在温室的棚架上越冬，或以菌丝体或分生孢子附在寄主的茎、叶、果或种子上越冬，成为翌年病害的初侵染源。第二年产生的分生孢子可通过风雨进行传播，侵染健康植株。植株发病后，病斑上形成的分生孢子借气流传播，引起再侵染。

2. 发病条件　该病的发生与温湿度关系密切，病菌在 6℃ ~ 30℃均能生长发育，喜高温，以平均气温 25 ~ 28℃最为适宜。同时也需要高湿，在温室高温高湿条件下发病严重，特别是夜间植株叶片上形成水滴的情况下，病害传播蔓延速度快。因此，温室或塑料大棚内温度过高，通风不良，湿度较大易于发病。5 ~ 6月间晴天多，气温显著上升，管理不善时病害往往较重。

【防治方法】

1. 农业防治　加强田间管理，雨季要注意排水降湿。发病后及时摘除病叶，收获后清洁田园。施足腐熟粪肥，增施磷、钾肥，勿偏施氮肥。

2. 物理防治　使用无病种子，或种子消毒处理。种子可用55℃温水浸15分钟，或者在52℃水中浸30分钟，再放入15℃～25℃温水中浸泡4～6小时后，捞出置于适温条件下催芽。

3. 生态防治　苗床要注意放风，温室中应及时放风排湿，切忌灌水过量，防止高温高湿环境的出现，可有效抑制病害的发展。

4. 药剂防治　田间发现病株时及时施药防治，可用下列杀菌剂：50%多菌灵可湿性粉剂600倍液，70%甲基硫菌灵可湿性粉剂700倍液，50%混杀硫悬浮剂500倍液，12.5%烯唑醇可湿性粉剂2 000倍液，50%苯菌灵可湿性粉剂1 000倍液，20%硅唑·咪鲜胺水乳剂2 000倍液，20%苯醚·咪鲜胺微乳剂2 500倍液，25%吡唑醚菌酯乳油1 500倍液，76%丙森·霜脲氰可湿性粉剂1 000倍液等。每7～10天1次，连续防治3～4次。喷药防治时应注意不同作用机理的杀菌剂交替使用，以避免病菌抗药性的产生。

可选用的配方有：25%咪鲜胺乳油1 000倍液＋75%百菌清可湿性粉剂600倍液；50%腐霉·多菌灵可湿性粉剂800倍液＋70%代森联干悬浮剂600倍液。均匀喷雾，视病情每隔7天1次。

（七）黄萎病

【别　名】　半边疯、凋萎病、黑心病、半边黄。

【症　状】　黄萎病是茄子一种主要的土传病害，苗期发病少，成株多在坐果后开始出现症状，以结果初期发病最盛。

1. 叶片　因发病时期和发病程度不同，叶片呈现多种类型的症状。

（1）半叶凋枯　病情自植株下部叶片向上部叶片发展，逐次严重。典型的特异症状是部分叶片半边发病，开始时从主叶脉分界，一侧叶肉颜色变淡，呈浅绿色，并伴有轻度萎蔫现象（图1-45）。之后，褪绿的半边叶片从叶缘开始干枯，变为浅褐色，叶肉细胞死亡。再后，发病的半边叶片完全干枯，变为褐色，而另一边通常能保持健康状态（图1-46）。后半边病叶腐烂脱落，另一侧仍能坚持较长时间。最后整个叶片变黄、干枯。

图1-45　叶片半边萎蔫

图1-46　半边叶肉凋枯

（2）叶缘大型病斑　从下部叶片叶缘开始显症，逐渐向内发展。初期叶片的叶缘及叶脉间褪绿变黄，呈浅绿色，病斑形状不定（图1-47）。之后，病部逐渐变为黄褐色，边缘向上卷曲，病健部分界不十分明显，黄斑不断扩大和连合。之后，叶缘干枯严重，

颜色也不断由黄色变为褐色，在叶缘变褐的同时，叶片内部可能

同时出现黄斑，逐渐变褐。最后，大叶脉之间叶肉变褐，整个叶片叶缘干枯卷曲，叶片枯死（图1-48）。

图1-47 从叶缘开始褪绿

图1-48 整叶干枯

（3）叶面大斑　有的病叶叶面出现病斑，初期褪绿，呈浅绿色或黄绿色，病斑展度2厘米以上，形状不定，边界不明显，主要分布在大叶脉之间（图1-49）。后期病斑变褐，病部叶肉枯死，

死亡的病斑上可能感染其他病菌（图1-50）。

图1-49 叶面出现黄绿斑

图1-50 病斑变褐

（4）"V"形病斑 由于黄萎病属于维管束病害，因此叶片叶缘和叶尖这类边远部位更容易显症。作者在田间观察到，有的

病叶叶尖先出现症状，褪绿黄化，逐渐枯死，形成"V"形病斑，逐渐向叶内发展，状如灰霉病（图1-51、图1-52）。

图1-51 叶尖出现"V"形病斑

图1-52 叶背的"V"形病斑

（5）黄叶　发病缓慢的植株，从下部叶片开始显症，叶片上

没有明显的病斑，而是因缺乏养分，叶片逐渐黄化，最后干枯（图1-53、图1-54）。

图1-53　整叶轻度黄化

图1-54　整叶严重黄化

2．茎　茎的标志性特征是维管束变褐。将皮层剥开，可见木质部轻度变褐。轻轻切削，可见维管束变为黄褐色或棕褐色，颜色要比青枯病略浅。把病茎纵切，对比更加明显（图1-55）。将

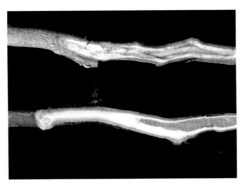

茎横切，同样也可看到环形的维管束变褐症状（图1-56）。

图1-55　病（上）健（下）茎内部对比

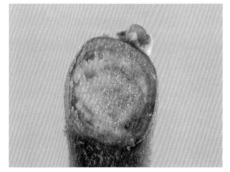

图 1-56　病茎横切面

3. 植株　多由植株下、中部开始出现症状，表现为半边发病或整株发病，最终会导致植株枯死。

（1）半边发病　有的植株在发病初期，表现为只有一侧发病，枝叶表现症状，并向上扩展，引起半边植株叶片变黄，或半张叶片变黄，并向一侧扭曲，而另一侧则相对正常。以后才逐渐由发病的一侧向健康的一侧发展，病株在晴天高温时出现萎蔫，早晚尚能恢复，病重后不再恢复，最后整株发病，全株死亡，这种现象俗称"半边疯"，是茄子黄萎病特有的标志性症状（图 1-57、图 1-58）。

图 1-57　初果期一侧发病的植株

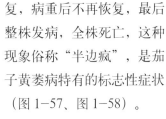

图 1-58　一侧发病的植株

（2）下部叶片凋枯　症状从下而上扩展，下部叶片褪绿、黄化，或出现黄斑及褐斑，最终叶片凋枯（图1-59、图1-60）。这样的病株由于长期缺乏养分，导致株型矮小，产量极低。

图1-59　下部叶出现黄斑

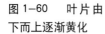

图1-60　叶片由下而上逐渐黄化

（3）整株同时发病　有的植株发病时，看不出明显的叶片发病顺序，全株叶片几乎同时发病，形成前述的各类病斑（图1-61、图1-62）。

图1-61　顶部叶缘褪绿

图1-62　全株叶片干枯

（4）植株萎蔫　在茄子生长前期一般不表现症状，多在门茄坐住后才开始显症，常常因此延误防治时机。这类病株在发病初期的晴天中午萎蔫，早晚尚能恢复，经一段时间后不再恢复，似青枯病或枯萎病症状，之后叶片逐渐黄化（图1-63、图1-64）。从整个植株来讲，病情基本是由下部向上方不断发展的，病株逐渐枯死。严重发病时，全株叶片会落光。

图1-63　病株叶片萎蔫

图1-64　病部叶片黄化

【病　原】　病原菌有两种。

Verticillium dahliae Kleb.，称作大丽轮枝菌，半知菌亚门丝孢纲丛梗孢目丛梗孢科轮枝孢属真菌。病菌菌丝体初无色，老熟时褐色，有隔膜。分生孢子梗直立，细而长，呈轮枝状分枝，即在分生孢子梗上有 1 ～ 5 层轮状排列的小梗，称作轮枝层，每层轮枝有 2 ～ 5 个小枝，多时可达 7 枝，枝顶或轮枝顶着生分生孢子。分生孢子长卵圆形，单胞、无色或微黄色。厚垣孢子褐色，卵圆形。大丽花轮枝孢在培养基上先长白色菌丝，后形成大量黑色、近球形微菌核。

大丽轮枝菌在 10℃ ～ 30℃ 均可生长，病菌生长的适宜温度范围为 20℃ ～ 25℃，最适温度为 22.5℃，不耐高温，33℃绝大多数菌株不生长，但有些菌株耐高温的能力较强，在 33℃ 下仍能缓慢生长。微菌核对不良环境的抵抗力较强，能耐 80℃ 高温和 −30℃ 低温。微菌核萌发适温为 25℃ ～ 30℃，在察氏培养基上培养 18 小时后，微菌核的萌发率接近 90%。土壤含水量为 20%，有利微菌核形成；40% 以上则不利其形成。最适 pH 为 5.3 ～ 7.2，适宜碳源为蔗糖和葡萄糖。

学者们提出了多种假说来解释病菌的致病机理，较受重视的有毒素假说和堵塞假说。前者认为，病菌在次生代谢过程中产生的毒素——轮枝菌素（一种酸性糖蛋白）是致萎的重要因子，其主要的实验依据是纯化的毒素对幼苗有强烈的致萎作用。后者认为，病原菌通过皮层细胞进入导管，产生菌丝体并形成分生孢子，同时在导管的薄壁细胞内产生侵填体及胶状物，堵塞导管，阻碍水分的输导。另外，也有学者认为，植株萎蔫是由于木质部导管被堵塞和病菌毒素引起细胞中毒两者综合作用的结果。

Verticillium albo-atrum Reinke et Berthold，称作黑白轮枝孢，是半知菌亚门丝孢纲丛梗孢目丛梗孢科轮枝孢属真菌。国

外茄子黄萎病病原菌多为此菌。

【发病规律】

1. 传播途径　茄子黄萎病病菌以菌丝、厚垣孢子和微菌核随病残体在土壤中或附在种子上越冬，成为第二年的初侵染源。一般可存活 6～8 年。病菌借风、雨、流水、人畜、农具传播，带病种子可将病害远距离传播。土壤中的病菌从根部伤口、幼根表皮及根毛侵入，然后在导管内大量繁殖，随体液传到全株茎、叶、果和种子，病菌产生毒素，破坏茄子的代谢作用，引起植株死亡。当年一般不发生再侵染。因此，带菌土壤和带有病残体的有机肥是本病的主要侵染源。

2. 发病条件　在日光温室茄子栽培中，该病可周年危害，侵染适温为 19℃～24℃，30℃以上停止发展，菌丝、菌核在60℃、10 分钟致死。一般气温低，地温长时间处于 15℃以下，定植时根部造成的伤口愈合慢，利于病菌侵入。茄子定植至开花期，平均气温低于 18℃的天数多，持续时间长，雨量大，或久旱后大量浇凉的井水使地温突然下降，或田间湿度高，则发病重。地势低洼，施用未腐熟的有机肥，底肥不足，定植过早，覆土过深，起苗时伤根多，过于稀植，土壤龟裂，连作地块发病重。温度高，则发病轻。

【防治方法】

1. 农业防治　选用抗病品种。应选择日光温室专用品种，这类品种生长势强，一般高抗黄萎病。如长茄 1 号、黑又亮、长野郎、冈山早茄、多福长茄王（美国）、黑龙王（日本）、黑又亮（日本）、布利塔（荷兰）、鲁茄 1 号、吉茄 1 号等。

实行轮作，选择地势平坦、排水良好的砂壤土地块种植茄子，并深翻平整。

适时定植，露地栽培时，要求 10 厘米地温稳定在 15℃以上时开始定植，定植时和定植后避免浇冷水，注意提高地温。定植时埋土深度掌握在嫁接接口下2厘米，不能过深，不要把嫁接口埋上土，防治病菌侵入。要做到多带土，少伤根，采取高垄覆膜栽培。

在北方露地栽培的茄子，6月初为生长前期，地温偏低，要选择晴暖天气浇水，防止阴冷天浇水使地温低于15℃引起黄萎病暴发。7月中旬至8月中旬高温季节，要小水勤浇，使土壤不干不裂，减少伤根，控制发病。设施栽培者，应选择晴天上午浇水，浇水后要及时放风排湿，并要做好室内气温调控，提高地温。

多施腐熟的有机肥，增施磷、钾肥，促进植株健壮生长，提高植株抗性。

发现病株及时将病叶、病果摘除，并及时清理落在地面的叶片，严重的病株要连根挖出，和周围的土壤一起带到田外和棚外烧毁或深埋，防止交叉感染。收获后彻底清除田间病残体集中烧毁。

嫁接换根。采用嫁接技术是防治茄子黄萎病最有效的措施之一。用野茄2号、云南野茄、日本赤茄、托鲁巴姆（日本砧木）、CRP（南韩砧木）、金理1号作砧木，栽培茄作接穗，采用劈接法嫁接，可收到95%以上的防效。嫁接时必需用无菌土培育接穗，防止接穗带菌，否则影响防效。

国内通常都选用根系发达、植株长势强、抗土传病害的野生茄子托鲁巴姆作砧木，托鲁巴姆种子不易发芽，需用催芽剂催芽，方法是先把1袋托鲁巴姆种子（10克）打开，取出催芽剂，并将催芽剂放入装有50毫升水的容器内，再将10克种子放入溶液中，浸泡36小时，然后将浸泡的砧木种子装入透气性好，又能保温的布袋内（最好是用新棉线布做成长7～8厘米，宽5～6厘米小布袋），用湿毛巾将小布袋包好，放置于30℃～35℃条件下催芽，每天翻动1次，每隔2天用浇水投洗1次，当出芽达80%

～ 90% 时即可播种。接穗茄子种用 55℃ 温水浸种，边倒水边搅拌，当水温降至 30℃ 时停止搅拌，再继续浸泡 12 小时即可播种。当砧木长到第一片真叶铜钱大小时，播种后 25 ～ 30 天，要将砧木移入营养钵内。在接穗 1 叶 1 心时，按 8 厘米 ×8 厘米或 10 厘米 ×10 厘米移入畦内，移苗后要浇透水，天热可适当遮阴。当砧木长到 8 ～ 9 片叶，茎粗 0.5 厘米时，接穗长到 6 ～ 7 片叶，茎粗 0.4 厘米时进行嫁接。首先，把砧木在半木质化部位用刀片平切去掉头部（砧木桩高 8 ～ 10 厘米），然后在砧木中间由上向下垂直切入 1 厘米刀口，再把接穗也在木质化处平切去下部，将上部切口处削成楔状，楔形大小与砧木切口相符（1 厘米长），随即将接穗插入砧木的切口中，对齐后用嫁接夹子固定，并及时放入事先做好的苗床上，边摆边用水壶浇砧木营养钵。一畦摆完后，浇足底水，水不过嫁接口，再扣拱棚，密闭棚膜，膜上盖遮阴物。白天温度 25℃ ～ 30℃，夜间 20℃ ～ 22℃，相对湿度 90% 以上，接口处避免接触水和土。从第 4 天起开始放风炼苗。嫁接后 15 天转入正常管理。苗期加强管理，注意防治虫害、防雨水，培育壮苗。

2．物理防治　　温汤浸种。催芽前用 55℃ 热水浸种 15 分钟，或 49℃ 热水浸种 20 分钟。

3．药剂防治　　药剂浸种。催芽前，用 0.1% 多菌灵盐酸盐＋ 0.1% 平平加溶液浸种 1 小时，或用 50% 多菌灵可湿性粉剂 500 倍液浸种 1 ～ 2 小时后直接播种。

药剂拌种。对于不催芽直播的种子，可用种子重量 0.3% 的 50% 福美双可湿性粉剂拌种，或用种子重量 0.2% 的 50% 克菌丹可湿性粉剂拌种，或用种子重量 0.1% 的 50% 苯菌灵可湿性粉剂拌种。

苗期用 30% 甲霜·恶霉灵可湿性粉剂 800 倍液 +96% 硫酸铜

1000 倍液灌根后带药移栽。

床土营养土消毒。选用未种过蔬菜的大田土和发酵好的粪肥混合均匀过筛，用 50% 多菌灵或福美双可湿性粉剂按 10 克／米^2＋ 20 千克／米^2 干细土拌成药土，撒施于苗床内；每平方米床土也可以用 50% 苯代双可湿性粉剂 20 ～ 25 克，或 50% 多菌灵可湿性粉剂 30 ～ 35 克与 15 千克干细土充分拌匀制成药土，撒施于床面并耙入 15 厘米土层中，耙平后浇水，覆盖地膜使其发挥熏蒸作用，10 ～ 15 天后播种。

定植前土壤消毒。石灰加麦秸消毒。在暑期高温季节（一般在 7 ～ 8 月上旬），即定植前 30 天，清除日光温室内残株、落叶、杂草等，深翻，施入足量腐熟的有机肥，每 667 米^2 撒入 50 ～ 100 千克石灰、500 ～ 1000 千克碎麦秸，并翻入耕层内，与粪肥、土壤混合均匀，起垄铺上地膜，浇足水，使田间土壤水达到饱和状态，再将棚膜放下，密封 15 ～ 20 天，使地表温度达到 70℃。此方法对茄子黄萎病有一定防治效果。

氯化苦消毒。氯化苦对多种土传病原菌、地下害虫、根结线虫病有较好的防治效果，同时可防治重茬及兼有除草作用，可用于多种蔬菜及其他作物，在土壤及作物中无残留，连续使用无其他影响。具体做法是：在定植前 30 天消除前茬作物的残株、杂草等，施入充足腐熟粪肥，深翻并把土块打碎，平整土地，保持土壤水分（土用手轻握后松开，土立即裂开）。将氯化苦药液均匀地注入田内，间隔 30 厘米注药，注入深度 15 ～ 20 厘米，每穴注入 3 毫升药液（平均 1000 米^2 注入 30 升药液）。注入药液后立即用塑料薄膜覆盖，周围用土压好，进行密封，上部棚膜封好，15 ～ 20 天后，揭掉薄膜，通风，旋耕土壤进行排气，4 ～ 6 天后，土壤中残留药液气体排除后，试栽几棵作物小苗，经过仔细观察，小苗不出现药害后，即可进行作物定植。

定植时药剂土壤消毒。整地时，根据土壤菌源状况，可撒施 50% 多菌灵可湿性粉剂 3 ~ 5 千克 /667 米^2，深翻后耙糖平整。也可用 50% 多菌灵可湿性粉剂 3 ~ 4 千克 /667 米^2 配成药土，撒施入定植沟或穴中。也可用 10.0% 混合氨基酸铜水剂 250 ~ 300 倍液或黄腐酸铜 500 倍液浇于定植穴，每株施药为 0.2 ~ 0.3 千克。

缓苗后，再用 50% 多菌灵可湿性粉剂 500 倍液灌根，每株灌 0.2 ~ 0.3 千克。发病初期浇灌 12.5% 增效多菌灵可湿性粉剂 200 倍液，或 10% 混合氨基酸铜水剂 200 ~ 300 倍液或黄腐酸铜 500 倍液，每株灌 200 ~ 300 毫升药液，7 天灌 1 次，连灌 2 ~ 3 次。

发病中期选用下列药剂灌根：38% 恶霜灵·嘧菌酯（成分：30% 恶霜灵 +8% 嘧菌酯）可湿性粉剂 600 倍液，50% 多菌灵可湿性粉剂 500 倍液，50% 苯菌灵可湿性粉剂 800 倍液，50% 甲基硫菌灵可湿性粉剂 800 倍液，20% 噻菌酮（龙克菌）悬浮剂 600 倍液（可兼治细菌病害）等。每株灌药液 100 ~ 500 毫升，药量根据植株大小而定，每 5 ~ 7 天灌 1 次，连灌 2 ~ 3 次，病株可迅速恢复生长。

（八）煤污病

【症状】 主要危害叶片、叶柄及茎。发病初期，叶片表面初时产生灰黑色、灰褐色至炭黑色小霉点（图 1-65）。扩展后呈大小不等的圆形黑点霉斑，然后逐渐连成一体（图 1-66）。严重时灰黑色霉覆盖满整个叶面，短期内致叶片枯死。霉层主要在叶片正面，有时叶背也有霉层。

图 1-65 叶面霉斑

图 1-66 霉斑连片

【病 原】 主要病原有 3 种。

Cladosporium herbarnm Link et Fr.称多主枝孢(草本枝孢)。多主枝孢菌分生孢子梗直立、褐色或橄榄褐色，单枝或稍分枝，上部稍弯曲，顶生分生孢子呈短链状。分生孢子椭圆形，具 1～3 个隔膜，大小 10～18 微米 ×5～8 微米。

Cladosporium macrocarpum Preuss，称大孢枝孢，均属半知菌亚门真菌。大孢枝孢菌菌丝铺展状，分生孢子梗褐色，簇生或单枝，微弯曲，分生孢子椭球形或倒卵形，具 2 个或多个隔膜，淡褐色。

Capnodium mangiferae P．Hennign，煤炱菌，属于子囊亚门大煤炱属真菌。

【发病规律】 病原以菌丝和分生孢子在病叶、土壤及植物残体上越冬。靠分生孢子侵染和传播蔓延。温室栽培时，主要借助蚜虫、温室白粉虱等传播。病菌对温度要求不严格，但要求高湿度。露地多在遇到长时间阴雨天时发生；保护地多在植株郁闭、灌水过多、放风不好、棚室内湿度过大时发生。光照不足有利于病害发展。

【防治方法】

1．农业防治 设施栽培时，在秋季要早覆盖薄膜，以北纬 40

度地区为例，在9月上旬即可覆盖薄膜。掌握适宜密度，保证株间通透性良好。露地栽培时，在雨后要及时排水，防止空气湿度过高。设施栽培要覆盖地膜，尽量采用膜下软管滴灌，降低空气湿度。加强放风排湿。清洁棚膜增加光照。及时防治蚜虫、粉虱及介壳虫。收获后及时清除病残体，以减少田间菌源。

2．防治害虫　积极防治设施内的温室白粉虱、蚜虫等害虫。

3．药剂防治　发病初期及时进行药剂防治，可选择喷洒50%多霉灵可湿性粉剂800倍液，2%武夷霉素水剂200倍液，50%多·硫可湿性粉剂500倍液，50%硫磺胶悬剂可湿性粉剂400倍液，50%甲基硫菌灵·硫磺悬浮剂800倍液，50%苯菌灵可湿性粉剂1 000倍液，10%苯醚甲环唑水分散粒剂1 000倍液，50%多霉灵（多菌灵＋万霉灵）可湿性粉剂1 500倍液，65%甲霉灵（甲基硫菌灵·霜霉威）可湿性粉剂1 500倍液等，隔15天左右1次，视病情防治2～3次。采收前3天停止用药。

可选用的配方有：50%苯菌灵可湿性粉剂1 000倍液＋75%百菌清可湿性粉剂500倍液；25%甲霜灵可湿性粉剂500倍液＋75%百菌清可湿性粉剂500倍液；70%甲基硫菌灵可湿性粉剂500倍液＋75%百菌清可湿性粉剂500倍液。茎叶均匀喷雾，视病情隔7天左右喷药1次。采收前3天停止用药。

（九）褐纹病

【别　名】　褐腐病、干腐病。

【症　状】　本病是茄子的一种十分常见的病害，在全国各地普遍发生。危害茄子的叶、茎、果实，苗期、成株期均可能发病，常造成烂叶、烂果，对产量影响很大。

1．叶片　植株中、下部叶片首先发病，叶片局部颜色变浅，呈浅绿色，并逐渐变为黄绿色，病斑展度1～2厘米，边缘模糊。发病中期，病斑逐渐增多，形状以圆形为基础，略有变化，

病斑中心浅褐色或灰白色（图1-67）。叶背病斑与正面类似（图1-68）。最后病斑连片，常干裂、穿孔，叶片枯萎、脱落。

图1-67 叶面布满病斑

图1-68 叶背症状

褐斑病的病斑特点是，呈圆形或近圆形，有时也呈不规则形，黄褐色或浅褐色，有红褐色至暗褐色的较细的边缘，病斑上通常有轮纹，个别情况下病斑上轮纹不明显，发病后期，病斑上轮生或散生大量凸起的小黑点（图1-69、图1-70）。

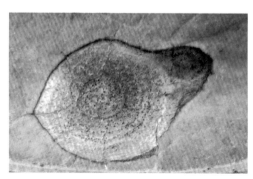

图1-69 褐色近圆形病斑上有轮纹

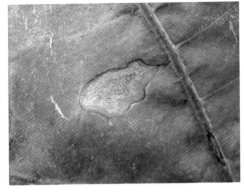

图1-70　病斑上轮纹不明显

2.茎　　发病初期，茎部分表皮变为浅褐色，皱皮状。之后，产生水浸状梭形病斑，呈褐色，表皮坏死，病部略凹陷（图1-71）。而后，皮层彻底坏死，病部明显凹陷，病斑扩展为梭形、椭圆形或不规则形溃疡斑，长2～5厘米，边缘暗褐色至黄褐色，中央灰白色至浅褐色，干腐状，其上散生小黑点（图1-72）。如果茎上同时有多个病斑相邻，容易相互融合，连结成大的坏死区域，绕茎一周后，水分和养分的运输受阻，逐渐导致植株萎蔫。发病后期，茎表面的皮层脱落，露出木质部，容易折断。

图1-71　发病初期的梭形斑

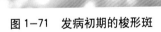

图1-72　较大的茎部病斑

3．果实　据作者观察，越是接近果实商品成熟期，发病就越严重，大量即将采收的果实因病害丧失商品价值，令人十分痛惜。不同发病时期，不同部位，症状有差异。

凹陷病斑。发病初期，果实表面产生圆形或椭圆形凹陷斑，淡褐色至深褐色，逐渐显现同心轮纹（图 1-73）。病斑连片。严重时，病斑扩大，相互重叠在一起，逐渐连成一片，有时凹陷并不明显，后期病斑几乎布满整个果实，天气潮湿时病果极易腐烂。有时，病果干缩成僵果而不脱落。本病果实病斑的特点是，病斑

近圆形，凹陷，具有同心轮纹状，其上密集排列小黑点（图 1-74）。

图 1-73　凹陷的圆斑

图 1-74　凹陷的轮纹斑

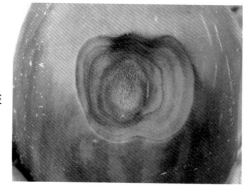

4．植株　发病初期，如果防治及时，对植株生长影响不大，但如果防治不及时，植株矮小，叶片黄化，最终会导致植株枯死（图 1-75、图 1-76）。

图 1-75 轻度病株

图 1-76 严重病株

【病 原】 *Phomopsis vexans* (Saccardo et Sydow) Harter，称作茄褐纹拟茎点霉，属半知菌亚门真菌。

病菌的分生孢子器初埋生于寄主表皮下，成熟后突破表皮外露。作者制作的切片显示，病菌分生孢子器近球形，孔口凸出，状如葫芦，壁厚而黑，大小因环境条件及埋生部位而异，果实上 120～350 微米，叶上 60～200 微米。分生孢子器的电镜照片则更加直观。

分生孢子单胞，无色，有两种形态：在叶片上，分生孢子椭圆形或纺锤形，大小 4.0～6.0 微米 ×2.3～3.0 微米；在茎上，分生孢子呈线形或拐杖形，大小 12.2～28 微米 ×1.8～2.0 微米。上述两种分生孢子可长在同一个或不同的分生孢子器内。

病菌的有性世代为 *Diaporthe vexans* （Sacc. et Syd.），

47

称茄褐纹间座壳菌，属子囊菌亚门间座壳属真菌，自然条件下有性世代少见。如有则多长在茎或果实上的老病斑上。子囊壳多2～3个聚生在一起，球形或卵形，有不整齐的喙部。子囊倒棍棒形，无柄。子囊孢子双胞，无色透明，长椭圆形或钝纺锤形，横隔处稍缢缩。

【发病规律】

1. 传播途径　病菌以菌丝体和分生孢子器在土表病残体上，或以菌丝体潜伏在种皮内，或以分生孢子附着在种子表面越冬。病菌在种子上可存活2年，在土表病残体上可存活2年以上，成为翌年的初侵染源。播种带菌种子，是病害远距离传播的方式，这样做也容易引起幼苗直接发病。土壤带菌能引起基部溃疡，其上所产生的分生孢子进一步侵染叶片，引起叶片发病。植株感病，病斑上产生分生孢子，通过风雨、昆虫及农事操作进行传播和重复侵染。种子是远距离传播的主要途径之一。

2. 发病条件　病菌发育最低温度为7℃，适宜温度为28℃～30℃，最高温度为40℃。形成分生孢子器适温30℃，分生孢子萌发适温28℃。最适宜相对湿度高于80%。

露地或设施栽培，田间气温28℃～30℃，相对湿度高于80%，如果有病原，只需3～5天就可传播开。当环境不十分适宜时，成株期潜育期为7～10天。

苗期潜育期3～5天，苗床遇长期阴雨，地势低，湿度大，温度偏高，通风条件差，冷空气早，雾天长，长势嫩，密度大，易发病，危害重。苗期受地下或地上害虫危害重，会加重褐纹病的发生。

成株期，植株生长衰弱，连续阴雨，高温高湿，多年连作，通风不良、土壤粘重、排水不良、管理粗放、幼苗瘦弱、偏施氮肥时发病严重。

48

【防治方法】

1. 农业防治　选用抗病品种，一般长茄比圆茄抗病，青茄比紫茄抗病。提倡营养钵育苗，选 2 年以上未种过茄子的地块作苗床，有条件的可进行无土育苗。尽可能早播种、早定植，使茄子生育期提前，减少茄子生长后期与褐纹病发生适期重叠的时间。苗期或定植前喷 50% 多菌灵可湿性粉剂 500 倍液 1～2 次。要多施腐熟优质有机肥，一般要求每 667 米^2 施入腐熟有机肥 4 000 千克，配合鸡粪 500 千克、过磷酸钙 50 千克、硫酸钾 25 千克一起混合发酵后施入田间，然后深翻。及时追肥，提高植株抗性。夏季高温干旱，适宜在傍晚浇水，以降低地温。雨季及时排水，防止地面积水，以保护根系。适时采收，发现病叶、病果及时摘除。

2. 物理防治　种子消毒。播种前用 55℃～60℃温水浸种 15 分钟，捞出后放入冷水中冷却后再浸种 6 小时，而后催芽播种。

3. 药剂防治

（1）拌种　可用种子重量 0.1% 的 50% 苯菌灵可湿性粉剂拌种；或 50% 苯菌灵可湿性粉剂 +50% 福美双可湿性粉剂各 1 份与干细土 3 份混匀后，用种子重量的 0.1% 拌种；或用 2.5% 咯菌腈悬浮种衣剂 10 毫升 +35% 精甲霜灵种衣剂 2 毫升，对水 180 毫升，包衣 4 千克种子。

（2）浸种　用 80% 乙蒜素乳油 2 000 倍液浸种 30 分钟；或 0.1% 硫酸铜溶液浸种 5 分钟；或 0.1% 升汞浸种 5 分钟；或 1% 高锰酸钾液浸种 30 分钟；或 300 倍福尔马林液浸种 15 分钟。浸种后捞出，用清水反复冲洗后催芽播种。也可用 30% 苯噻硫氰乳油 2 000 倍液浸种 6 小时，带药催芽。

（3）苗床消毒　用 50% 多菌灵可湿性粉剂，按每米^{2}10 克，或 50% 福美双可湿性粉剂 8 克，拌细土 2 千克制成药土进行床土消毒，下铺上盖，即用 1/3 药土铺底，播种后，将剩余药土覆在

49

种子上。

（4）苗期药剂防治　在茄子苗期要加强预防，苗期或定植前用下列杀菌剂或配方进行防治：25%嘧菌酯悬浮剂 1 500 倍液，30%醚菌酯悬浮剂 1 000 倍液，70%丙森锌可湿性粉剂 600 倍液，77%氢氧化铜可湿性粉剂 600 倍液，86.2%氧化亚铜可湿性粉剂 2 000 倍液，68.75%恶唑菌酮·锰锌水分散粒剂 1 000 倍液喷雾，视病情间隔 7 ~ 15 天 1 次，交替喷施。

（5）成株期药剂防治　进入结果期开始选择喷洒下列药剂：70%代森锰锌可湿性粉剂 500 倍液，50%苯菌灵可湿性粉剂 800 倍液，75%百菌清可湿性粉剂 600 倍液，50%甲霜铜可湿性粉剂 500 倍液，58%甲霜灵·锰锌可湿性粉剂 400 倍液，64%杀毒矾可湿性粉剂 500 倍液，20%苯醚·咪鲜胺微乳剂 2 500 倍液，20%硅唑·咪鲜胺水乳剂 2 000 倍液，64%氢铜·福美锌可湿性粉剂 1 000 倍液，56%嘧菌·百菌清悬浮剂 2 000 倍液等。每 7 ~ 10 天喷 1 次，连喷 2 ~ 3 次。

可选用配方有：50%甲硫·硫磺悬浮剂 800 倍液＋70%代森锰锌可湿性粉剂 700 倍液；50%福美双·异菌脲可湿性粉剂 800 倍液；50%腐霉利可湿性粉剂 1 000 倍液＋36%三氯异氰尿酸可湿性粉剂 800 倍液。对水喷雾，视病情隔 7 ~ 10 天喷 1 次。

保护地栽培可采用 10%百菌清烟剂或 20%腐霉利烟剂，每 667 米^2 用药 300 ~ 400 克，视病情隔 5 ~ 7 天 1 次。

二、原核生物类

（一）细菌性青枯病

【症　状】　局部侵染，全株发病，且病情进展迅速，侵染 7 ~ 8 天就会导致植株死亡。

1. 叶片　该病主要危害茄子叶子，发病初期，个别枝条的叶片或一张叶片的局部逐渐呈现失水萎垂症状，后逐渐扩展到整株枝条上。病部初期呈淡绿色，后为枯绿色，叶柄下垂似烫伤状，烈日下更为严重，严重失水后卷曲，后期因叶绿素逐渐分解而变为黄色或褐色，最后焦枯（图1-77）。萎蔫的叶片在夜间尚可恢复，发病数天后整株枯死，病叶脱落或残留在枝条上。

图1-77　轻度萎蔫

2. 植株　病株外观呈萎蔫状，中午尤为明显，发病初期夜间能恢复。初期叶色稍欠光泽，但基本正常（图1-78）。即使将下部病叶摘除，也仍不能抑制病情。

图1-78　病株萎蔫

稍后，植株保持萎蔫症状，即使到了夜间植株也不能再恢复正常，下部叶片逐渐变黄，凋萎程度日益加深，终致植株完全枯死（图1-79、图1-80）。

图1-79　下部叶片黄化

3.田间　病菌可随灌溉水、雨水传播，因此，在田间病情表现为顺栽培行蔓延，成片发病，发病中心十分明显。

图1-80　病株枯死

4.茎　病茎表皮粗糙，茎中下部增生不定根或不定芽。湿度大时，病茎上可见初为水浸状后变褐色的1～2厘米斑块。

将茎部皮层剥开可见木质部呈褐色。切削茎基部表皮可见症状更明显，检视茎基部维管束，可见维管束变为深褐色，这种变色从根颈部起可以一直延伸到上面枝条的木质部，枝条里面的髓部大多腐烂空心（图1-81）。黄萎病的茎内部症状与青枯病极其相似，但其维管束颜色比青枯病浅，呈浅褐色，在诊断时要注意辨别（图1-82）。

图1-81　青枯病株维管束呈浅褐色

图 1-82 黄萎病维管束病株呈浅褐色

将青枯病植株茎基部横切，除看到维管束变褐之外，用手挤压，在土壤含水量较高时或经保湿处理，还能看到病茎切面处有乳白色黏液即菌脓渗出，而黄萎病和健康植株的茎切面处不会有菌脓溢出（图 1-83、图 1-84）。

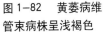

图 1-83 青枯病株茎横切面有菌脓溢出

图 1-84 黄萎病病株茎切面无菌脓溢出

还有一种检测菌脓的方法，在潮湿时，挤压切口可渗出带黏质菌脓，若把病茎小段切口悬吊浸入清水中，稍顷则见切口涌出米水状混浊液，似雾状，据此可作为确诊本病的佐证（图1-85、图1-86）。

图1-85 浸泡病茎的清水变为乳白色

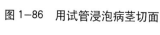

图1-86 用试管浸泡病茎切面

5.根 根系表面无明显症状，但将根冠纵切，可见根冠中央有明显变褐现象。

【病 原】 *Ralstonia solanacearum* (Smith) Yabuuchi etal. Race，称作茄科雷尔氏菌，曾用名：*Pseudomonas solanacearum* (Smith) Smith Race，称作青枯假单胞杆状细菌。病菌具有广泛的寄主，可侵染50多个科的200多种植物，其中马铃薯、番茄、烟草等茄科作物受害严重。

菌体杆状，两端钝圆，大小0.9～2微米×0.5～0.8微米，一般为1.1微米×0.6微米，有1～3根极生鞭毛，无荚膜，革兰氏染色阴性，好气性。在琼脂培养基上形成污白色、暗褐色乃至黑褐色的圆形或不完整圆形菌落，平滑，有光泽。病菌生长最适温度为 30℃ ~ 37℃，最高 41℃，最低 10℃，致死温度为 52℃ 10 分钟。对酸碱性的适应范围为 pH6.0 ~ 8.0，以 pH6.6 为最适。菌系分化复杂，变异能力强，易产生新的致病类型。

【发病规律】

1. **传播途径** 青枯病菌可以同病株残体一同进入土壤或在堆肥中越冬，长期生存形成侵染源。土壤水分对其在土壤中的生存影响极大，在湿度大的冲积土中，病菌可以生存长达 2 ~ 3 年，而在干燥的土壤中，只能生存几天。青枯病菌在土壤中并非以休眠状态生存，而是在上述发病植株或某种杂草的根际进行繁殖。生存在土壤中的病菌，主要是从作业过程中造成的伤口或者是由根瘤线虫、蛴螬等根部害虫造成的伤口侵染植株，从根部伤口侵入，产生胞外多糖（EPS），在菌体外形成胶状层，堵塞木质部纹孔膜，在茎的导管部位和根部发病，使病株萎蔫。此外，聚半乳糖醛酸酶可导致病组织变褐。病菌进入维管束后分泌出果胶酶，溶解寄主细胞中胶层，致寄主皮层及髓部组织腐烂死亡，且在茎基部形成空腔。有时也会由无伤口细根侵入植株内发病。

2. **发病条件** 温、湿度与发病的关系，高温和高湿的环境适于青枯病的发生，故在我国南方发病重，在北方的露地夏季或设施栽培中发病重。青枯病菌在 10℃ ~ 41℃ 下生存，在 35℃ ~ 37℃ 生育最为旺盛。温度中尤以土壤温度与发病的关系更为密切，一般在土温 20℃ 左右时病菌开始活动，田间出现少量病株，土温达到 25℃ 左右时病菌活动最盛，田间出现发病高峰。

浇水多，湿度高也是发病的重要条件。雨水的流动不但可以传播病菌，而且下雨后土壤湿度加大，特别是土壤含水量达 25% 以上时根部容易腐烂和产生伤口，有利于病菌侵入。故在久雨后转晴，气温急剧上升时会造成病害的严重发生。在我国南方或北方夏季，气温一般容易满足病菌的要求，因此降雨的早晚和多少往往是发病轻重的决定性因素。

栽培技术与发病的关系，一般高畦栽培发病轻，平畦发病重。这是由于高畦排水良好，而平畦不利于排水的缘故。定植时，穴开得不好，容易积水，如穴中间土松四周土紧，雨后造成局部积水，也易引起病害发生。土壤连作发病重，合理轮作可以减轻发病。微酸性土壤青枯病发生较重，而微碱性土壤发病较轻。若将土壤酸度从 pH5.2 调到 pH7.2 ~ 7.6，可以减少病害发生。偏施氮肥会导致植株营养单一或失调，这样的地块发病重。土壤有机质含量高，氮、磷、钾等平衡施肥的，发病相对较轻。施用氮肥时，施硝酸钙的比施硝酸铵的发病轻，多施钾肥可以减轻病害发生。生长后期中耕过深，损伤根系会加重发病。幼苗健壮，抗病力强；幼苗瘦小，抗病力弱。

【防治方法】

1. 农业防治

（1）轮作　一般发病地实行至少 3 年的轮作，重病地实行 4 ~ 5 年的轮作。有条件的地区，与禾本科作物特别是水稻轮作效果最好。也可以与瓜类作物进行轮作，但应避免与其他茄科作物轮作。

（2）选择抗病品种　抗病品种是目前防控茄子青枯病最经济有效的方法，生产中经历年试验表明，圆茄类品种较长茄类品种抗性强，有代表的抗病品种为西安大圆茄和济南早小长茄，美引长茄及鹰嘴茄发病相对较重。

（3）嫁接栽培　嫁接可采用根系发达，抗逆性强的野生茄作砧木，如：托鲁巴姆、野茄 2 号、日本赤茄等品种。

（4）调节播期　茄子青枯病属高温型病害，通常气温在

30℃～37℃时最有利病害发生，土壤温度也影响青枯菌在土壤中存活，土壤温度低于20℃，病害很少发生，温度升高时，病害发生加重。因此通过调节播种期，避过高温季节，可以避开青枯病发病高峰，从而大大减轻病情。露地栽培者，提倡早育苗、早移栽，避开夏季高温，在发病盛期前已进入结果中后期，可减少损失。

(5) 采用无病营养土育苗 由于青枯菌多从植物的根部或茎基部伤口侵入，在植物体内的维管束组织中扩展，造成导管堵塞，植株萎蔫，因此采用无病营养土，并选用营养钵作为育苗容器进行育苗，可做到少伤根，对减轻病害发生具有一定作用。选择高燥无病菌的土地作为苗床。选用稻田土作营养土或有机质含量高、前作为非茄科作物的地块作苗床。播种前每667米^{2}苗床最好用75～100千克的石灰处理土壤。育好的幼苗要求节间短而粗，这样的幼苗抗病力强。徒长或纤细的幼苗抗病力弱，应予淘汰。移栽时尽量少伤根，多带土，少造成伤口。

(6) 土壤消毒 在农闲时，深翻晾晒土壤。以往发病的棚室，可用碳酸氢铵进行土壤消毒，具体方法是先将菜畦浇湿，每667米^{2}用碳酸氢铵50千克均匀撒在土表上，并覆盖塑料薄膜，5～7天后揭开薄膜即可。还可用石灰进行土壤消毒，同时调节土壤酸度，这是因为青枯病菌适宜在微酸性土壤中生长，可结合整地撒施适量的石灰，使土壤呈微碱性，以抑制病菌生长，减少发病。至于每667米^{2}的石灰用量多少，则要根据土壤的酸度而定，一般每667米^{2}施50～100千克。辽宁的菜农通过施用充分腐熟的有机肥和生石灰改善土壤环境的方法，效果较好，具体方法：在冬春茬蔬菜拉秧后进行，撒施生石灰粉100千克/667米^2，生鸡粪或其他畜禽粪便5 000～7 000千克/667米^2，植物秸秆3 000千克/667米^2，微生物多维菌种8千克/667米^2，喷施美地那活化剂400毫升/667米^2，调节pH值。

（7）改进栽培技术　地势低洼或地下水位高的地方需做高畦深沟，以利排水。采用大垄双行栽培，垄高20厘米，宽60厘米，垄间宽行留30厘米走道，窄行留10厘米浇水沟，沟上覆盖地膜。不覆盖地膜时要注意中耕技术。生长早期中耕可以深些，以后宜浅，到生长旺盛后要停止中耕，同时避免践踏畦面，以防伤害根系。合理施肥。在施肥技术上，注意氮、磷、钾肥的合理配合，适当增施氮肥与钾肥。喷洒10毫克／升硼酸液作根外追肥，能促进寄主维管束的生长，提高抗病力。加强田间管理。生产上做到"勤中耕，细管理"。

（8）清洁田园　发现零星病株及时拔除，病株带出田外深埋或烧毁。在病株周围土壤中撒生石灰，防止病菌扩散传播。收获后及时清理田园，将茄秧连根拔除，清扫残枝落叶，集中进行处理，减少田间病源积累。

2. 生物防治　青枯病和其他的土传病害一样，难以用化学方法防治同时控制农药残毒。生物防治可利用的有益微生物，主要包括芽孢杆菌、假单胞杆菌和链霉菌等三属细菌和菌根真菌。植物细菌性青枯病的生物防治研究方兴未艾，而农业措施、土壤添加剂以及化防与生防的结合研究也在不断地进行之中。

3. 物理防治　用温汤浸种的方法进行种子消毒。先将种子在冷水中预浸3～4小时，再放入55℃温水中，保持水温连续浸种15分钟后，取出种子立即用清水降温后冲洗干净，晾干播种或催芽后播种。

有条件的地方，可利用休闲季节进行长时间的土壤浸泡，能显著地消灭土壤中有害杂菌与病虫。也可采用夏季高温闷棚的方法，土壤翻耕浇水后，密闭棚膜，在高温季节晴天的上午使棚内温度高达70℃以上，以杀死棚内和土壤中部分病菌和虫卵。闷棚时间一般掌握在15～20天，能达到1个月更好。湿热杀菌可以有效杀死土壤中的各种线虫、有害真菌和细菌,解决青枯病的难题。

4.药剂防治　茄子青枯病的化学防治目前还没有非常理想的治疗药剂。

（1）种子消毒　可用新植霉素300毫升／升或50%琥胶肥酸铜（DT）可湿性粉剂500倍液浸种10～15分钟,洗净后催芽播种。

（2）苗床土壤消毒　最好选择前茬未种过茄科作物的地块育苗,播种前用50%多菌灵可湿性粉剂1 000倍液喷洒苗床。最好用营养钵或营养袋育苗,减少定植伤根。

（3）灌根　发病初期病穴可选择灌注2%福尔马林液或20%石灰水消毒,也可于病穴撒施石灰粉。最常用的方法是喷洒的同时灌根,可选用下列药剂:20%噻酶酮（菌立灭）乳油1 500倍液,50%琥胶肥酸铜（DT）可湿性粉剂500倍液,77%可杀得可湿性粉剂600～800倍液,14%络氨铜水剂300倍液,72%农用硫酸链霉素可溶性粉剂4 000倍液,27%铜高尚悬浮剂600倍液,78%波·锰锌（科博）可湿性粉剂500倍液,60%琥铜·乙铝·锌可湿粉剂500倍液,53.8%可杀得2 000干悬浮剂1000倍液等。每株0.3～0.5升,每隔7～10天喷1次,连续用药3～4次。

（二）细菌性软腐病

【别　名】　简称软腐病。

【症　状】

1.果实　主要危害果实,发病初期,果面出现水浸状病斑,近圆形或不规则形,逐渐扩展,病斑褐色,稍凹陷,内部果肉相应变褐（图1-87）。而后果肉湿腐,有恶臭味（图1-88）。

图1-87　初期病果

59

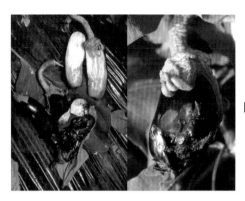

图1-88 果实腐烂

果皮虽保持完整，但内部果肉腐烂。果实部分腐烂后，会在重力的作用下脱落到地面（图1-89）。在晴暖干燥的环境下，可失水后干缩，仅余一层外皮，透明薄纸状，挂在枝杈上（图1-90）。这种果实腐烂症状，容易与绵疫病引发的烂果混淆。

图1-89 腐烂的果实落到地面

图1-90 病果风干后仅余外皮

2. 茎　柔嫩多汁的节部开始受害时，呈浸润半透明状，后变褐色，随即变为黏滑软腐状。后扩大，病斑形状不定，周缘明显或不明显，呈灰褐色，腐烂汁液外流，具臭味（图1-91）。最后患部水分蒸发，组织干缩，此时坏死的组织有可能感染灰霉、黑霉等其他真菌（图1-92）。

图1-91　茎部湿腐

图1-92　病部感染杂菌

3. 植株　茎部受害后，水分运输受阻，导致叶片萎蔫，后期变黄枯死（图1-93）。

图1-93　病株萎蔫

4. 田间 后期田间植株大量死亡，严重影响产量（图1-94）。

图1-94 连片发病后病株被拔光

【病原】 *Erwinia carotovora* subsp. *carotovora* （Jones）Bergey et al.，称胡萝卜软腐欧文氏菌胡萝卜软腐致病型，属细菌。菌体直杆状，大小1～3微米×0.5～1微米，单生，有时对生，无荚膜，不产生芽孢。革兰氏染色阴性反应。周围有鞭毛2～8根，靠周生鞭毛运动，兼厌气性。在琼脂培养基上菌落为灰白色，圆形至变形虫形，稍带荧光性，边缘明晰。

病原细菌生长温度范围为4℃～36℃，最适为25℃～30℃。对氧气的要求不严格，在缺氧条件下也能生长。病原菌在pH 5.3～9.3范围都能生长，但以pH7～7.2为最好。病原菌致死温度为50℃，不耐干燥和日光。病菌脱离寄主单独存在于土壤中，只能存活15天左右。

软腐病细菌的致病作用与其分泌胞壁降解酶，包括果胶酶和蛋白酶有关。果胶酶降解寄主细胞间的中间层（果胶层），使细胞分离，组织崩溃。蛋白酶降解寄主细胞壁和膜上的蛋白质。在腐烂过程中还可遭受其他腐败细菌的破坏，分解细胞蛋白质，产生吲哚，因而病部发出臭味。

【发病规律】

1. 传播途径 病原菌在病组织内或随病残体遗落土中，或在未腐熟的土杂肥内存活越冬，成为本病初侵染来源。病菌可借蛀果害虫、地下害虫、灌溉水及雨水溅射传播，成为翌年田间发病的初侵染源。从伤口、地上部叶片气孔及水孔侵入。设施栽培时，田间寄主终年存在，病菌可辗转传播蔓延，无明显越冬期。

2. 发病条件　通常雨水多的年份或高湿闷热的天气易诱发本病。种植过于密集，管理粗放，田间郁闭，蛀果害虫猖獗的地块发病重。低洼潮湿的地块、阴雨连绵的天气，均能加重病害。潮湿、阴雨、多狂风的天气或露水未干时整枝打杈发病重。温室和塑料大棚中如施用未腐熟的堆肥过多，植株生长过旺，湿度大常诱发此病。

【防治方法】

1. 农业防治　与非茄科的十字花科蔬菜、葱蒜类蔬菜实行 2 年以上轮作，重病区或田块宜实行水旱轮作。避免在低洼、黏重的地块上栽培。采用垄作或高畦栽培，有利于排水防涝，减轻病害的发生。及时摘除病果，带出田外烧毁或深埋。田间发现重病株，应及时收获或拔除，以减少菌源，防止蔓延。特别是大雨前和灌水前应先检查处理。拔除后穴内可填以消石灰进行灭菌。培育壮苗，适时定植，合理密植。雨季及时排水，避免田间积水。保护地栽培时要加强放风，防止湿度过高。此外，王久兴认为，发病期的所有田间操作，尤其是整枝打杈操作，一定要在空气湿度较低的时段进行，以避免人为地传播病菌。

2. 药剂防治　雨后及时用药，防止病害蔓延。另外，作者的经验表明，在露地栽培时，越是到果实接近采收时，越容易发生此病，在防治时，一定要注意"药随水走"，浇水后一定要喷药，否则，浇水后会发现病情突然加重。喷药时，要以轻病株及其周围的植株为重点，注意喷在接近地表的叶柄及茎基部。可选择下列药剂：27%铜高尚悬浮剂 600 倍液，50%琥胶肥酸铜可湿性粉剂 500 倍液，53.8%可杀得 2 000 干悬浮剂 1 000 倍液，30%碱式硫酸铜（绿得保）悬浮剂 400 倍液，72%农用链霉素可溶性粉剂 4 000 倍液，1%新植霉素水剂 4 000 倍液，2%多抗霉素水剂 800 倍液，14%络氨铜水剂 300 倍液。每 7 天喷药 1 次，连续防治 2 ~ 3 次。

三、病毒类

（一）病毒病（黄瓜花叶病毒）

【症　状】

1. 叶片　成株染病，发病初期叶脉呈半透明状，几天后就出现浓淡不均的典型花叶（图 1-95）。后期叶面凹凸不平，叶呈黄绿相间的花叶状，病叶小且皱缩，叶片变厚，严重时叶片反卷（图 1-96）。

图 1-95　初期病叶

图 1-96　叶面凹凸不平的花叶

2．茎　节间缩短，茎畸形，严重时病株枯萎。

【病　原】　Cucumber mosaic mirus，简称 CMV，称作黄瓜花叶病毒。寄主达 45 科 124 种植物，不但危害茄科、藜科植物，还危害瓜类和小麦、玉米等禾本科植物。病毒为 RNA 病毒，属于紫薇黄瓜花叶病毒属。病毒粒体球状，直径为 30 纳米。基因组分为 3 个组分，RNA_1、RNA_2 和 RNA_3，分别包被于 3 颗病毒粒体之中。沉降系数 98S。RNA 占粒体重的 18%。寄主细胞内一般无内含体。致死温度为 70℃，稀释终点 10.4，20℃温度下体外存活期 3～6 天。

【发病规律】　该病毒在宿根杂草上越冬，由蚜虫传毒。病毒病的发生与环境条件关系密切。高温干旱利于发病。此外，管理粗放、偏施氮肥、植株长势瘦弱、土壤贫瘠、板结、排水通风不良等均利于病害发生。

【防治方法】

1．农业防治　将前茬作物尤其病株清理干净，带出田外集中处理。

选用适应当地条件的高产、优质、抗病、耐虫的品种。

配制营养土，用营养钵作容器育成壮苗。定植前 10～15 天喷洒 0.01% 矮壮素，以防徒长，促矮壮，增强对病毒的抵抗力。定植取苗时，避免伤根，减少伤口，能有效防止病毒侵染。

秋冬茬、秋延后茬的育苗期和定植后大苗期都处于强光、高温季节，要盖棚膜避雨，覆盖遮阳网防日灼。

精细整地，施足腐熟有机底肥，提高抗病能力，以腐熟的鸡粪最好，并加入磷酸二铵及粉碎的饼肥，做到氮肥、磷肥、钾肥配合施用。防止高温缺水，干旱时应及时灌水。

田间操作时应避免吸烟，在绑蔓、整枝、蘸花和摘果时，都应尽量先处理健壮株，后处理发病株。接触过病株的手和工具要及时用肥皂水或磷酸三钠水冲洗、消毒。发现少量病株应及时拔除，带出田外处理。

2．物理防治　在大棚通风窗口设置尼龙避虫网，规格为30～40目，避免有翅蚜等害虫迁入棚内。

3．生物防治　一是在定植前后各喷1次增抗剂，能诱导茄子耐病又增产。二是用弱毒疫苗 N_1 和卫星病毒 S_{52} 处理幼苗，可提高植株免疫力，预防病毒。还可在稀释100倍液的弱毒疫苗中加少量金刚砂，用20～30帕／米 ^{2} 压力喷枪喷雾，能降低植株的病毒感染率和发病程度，并能提高产量。

4．药剂防治　棚室生产应对棚室进行彻底消毒，采用喷药、熏蒸方法，杀死病菌、害虫，尤其蚜虫、白粉虱，以减少毒源。

防治媒介昆虫。茄子生长期间，可选用20%菊·马乳油2 000倍液，10%吡虫啉可湿性粉剂500倍液，50%抗蚜威可湿性粉剂2 500～3 000倍液，50%辛·氰乳油4 000倍液等药剂防治蚜虫，减少传毒媒介。也可选用灭蚜宁烟剂每667米 ^{2} 每次用330克，暗火点燃，闭棚熏4～5小时，对蚜虫的防效几乎达100%。还可每667米 ^{2} 用蚜虱一熏净烟剂250～300克熏烟4～5小时。

种子消毒。先将种子用冷水浸泡6～10小时，再用10%磷酸三钠溶液浸种20分钟，捞出冲干净后再催芽播种，也可用植病灵1 000倍液浸种10分钟后直接播种。

发病初期选喷下列药剂：20%病毒A可湿性粉剂500倍液，2.5%植病灵可湿性粉剂500倍液，6%病毒克可湿性粉剂1 000倍液，10%病毒必克可湿性粉剂1 000倍液，0.1%高锰酸钾溶液。以上药剂可交替使用，5～6天喷洒1次，连续喷洒4～5次，喷洒治病毒药剂的同时可加入叶面肥。

（二）病毒病（蚕豆萎蔫病毒）

【别　名】坏死斑点病。

【症　状】从苗床末期到定植后不久开始发病。

（1）紫斑　最初，在新叶上出现许多直径为1毫米左右的紫褐色小斑点，之后略扩大，坏死斑点主要集中于叶片的一侧（图1-97、图1-98）。

（2）畸形　坏死斑点阻碍了叶片的扩展，病叶慢慢扭曲畸形，叶面凹凸不平，叶缘卷曲，后期萎蔫（图1-99、图1-100）。

图1-97　初期斑点

图1-98　叶面紫褐色病斑

【病　原】　Broad bean wilt virus，简称BBWV，称作蚕豆萎蔫病毒或蚕豆枯萎病毒，属病毒。病毒粒体球形，直径25纳米，钝化温度50℃～55℃，稀释限点1 000～10 000倍，体外保毒期72小时。

图1-99　叶面不平

图1-100　叶片皱缩

【发病规律】　该病毒主要以桃蚜和棉蚜为媒介传播。茄子苗床及四周围的杂草及菠菜等病残体成为主要侵染源。有翅蚜虫吸取带病毒的汁液后，飞到茄子上传播病毒。露地栽培及早熟栽培时多发，大棚栽培发病较少。冬季温暖、4～6月份气温高且降雨少的年份，由于有翅蚜虫较多，易发病。

【防治方法】

1. 农业防治　采取综合农业措施预防病毒病。

培育壮苗，提高植株抗病力。

控制温、湿度，苗拱土时及时揭膜。茄子苗期要求较高温度，播种后至出苗前不用通风，保持白天温度在28℃～32℃，夜间温度在20℃～23℃，6～7天可出苗。出苗后要降低温度，保持白天25℃～30℃，夜间18℃～23℃。分苗前一般不用浇水，可多次覆土保墒，满足幼苗对水分的需求。一般在播种后土层出现裂缝或植株中午出现萎蔫时，可覆盖过筛潮湿细土0.5厘米厚。若苗床过干，也可在晴天上午用喷壶适当喷水，但水量要适中，避免苗期病害。

覆土、间苗。撒播时，在芽刚顶土时加覆一层0.2～0.3厘米厚的细土，以利子叶脱掉种皮。间苗时拔除过密或过弱株，使苗间距保持2～3厘米。

及时分苗。当幼苗长出 2～4 片真叶时及时分苗。在分苗前 7 天降温炼苗，保持白天 20℃～25℃，夜间 14℃～18℃。分苗前 1～2 天浇起苗水，起苗时要多带宿土，减少根系损伤。分苗密度按 10～12 厘米^2／株，栽植要浅，以子叶露出床面为宜。分苗后浇水，但水量不宜过大。分苗后 7 天内要保持较高的温度，白天 25℃～30℃，夜间 18℃～20℃。心叶开始生长说明度过缓苗期，要降低气温，白天 22℃～25℃，夜间 13℃～15℃ 为宜。结合土壤墒情，可以于晴天上午浇缓苗水，但不要过量。定植前 5～7 天低温炼苗，白天 18℃～20℃，夜间降至 10℃～15℃。

适时高垄定植。每 667 米^2 基施腐熟农家肥 3 000～5 000 千克，生物有机肥 200 千克，磷酸二铵 30～50 千克，硫酸钾 25 千克。深耕后翻耙 2 遍，做成上宽 75～80 厘米、高 15 厘米的高畦，中间开浅沟，形成双高垄。当棚室内最低气温稳定在 5℃ 以上，10 厘米地温稳定在 12～15℃ 达 7 天时可定植，每穴 1 株，要求秧苗株型矮壮；行距 60 厘米，株距为 50 厘米，每 667 米^2 2 000 株左右为宜。

加强定植后管理，阻断病害发生蔓延的途径。

温湿度管理。茄子定植后需要保持较高的气温与地温，一般白天 23℃～30℃，温度不超过 30℃ 不需放风，夜间 16℃～20℃，地温 15℃～20℃；空气相对湿度以 50%～60% 为宜，注意控制在 85% 以内。开花和果实生长期，白天 25℃～30℃，夜间 15℃～20℃ 左右，地温 20℃ 左右，空气相对湿度保持在 50%～60% 即可。此外，要注意雨天将棚室放风膜盖好，防止雨水漏进温室或大棚内，雨后及时放风。

水肥管理。定植后浇定植水，成活后及时中耕、除草蹲苗。植株生长前期采用"见干见湿，小水勤浇"的灌水原则，一般在门茄坐果前不浇水。当门茄进入"瞪眼期"开始浇水，仍然注意要小水勤浇。以后视苗长势及土壤水分浇水，一般 7 天 1 次水，浇后加强通风排湿，避免低温、高湿诱发各种病害。

茄子需肥主要集中在结果期。通常在门茄采收后结合浇水追施第 2 次肥，每 667 米² 追施尿素 25 千克及硫酸钾 10 千克；盛果期要追肥 2～3 次，每次每 667 米² 追施尿素 15 千克及硫酸钾 5 千克；盛果期还可施叶面肥，喷施 0.2%～0.3% 磷酸二氢钾溶液，7 天 1 次。

2．药剂防治　积极防治传毒媒介，在育苗期间注意治蚜防病保苗。定植后要及时喷施杀虫剂，防治蚜虫。

对于病毒病，目前普遍应用的是盐酸吗啉胍类药剂，盐酸吗啉胍的作用机理是抑制病毒的 DNA 和 RNA 聚合酶的活性及蛋白质的合成，从而抑制病毒繁殖。主要药剂有 32% 核苷·溴·吗啉胍水剂 1 000 倍液，20% 盐酸吗啉胍·乙铜（病毒 A）可湿性粉剂 500 倍液，40% 吗啉胍·羟烯腺（克毒宝）可溶性粉剂 1 000 倍液，7.5% 菌毒·吗啉胍（克毒灵）水剂 500 倍液，25% 吗啉胍·锌可溶性粉剂 500 倍液，31% 吗啉胍·三氮唑核苷（病毒康）水剂 1 000 倍液。

还可选用 3% 三氮唑核苷（病毒唑）水剂 500 倍液，3.85% 三氮唑核苷·铜·锌（病毒必克）水乳剂 600 倍液，24% 混脂酸·铜水剂 800 倍液，10% 混合脂肪酸铜水剂 100 倍液。

也可选用微生物源制剂如 5% 菌毒清水剂 500 倍液，8% 宁南霉素（菌克毒克）水剂 750 倍液；植物源制剂如 0.5% 菇类蛋白多糖（抗毒丰）水剂 300 倍液，0.5% 葡聚烯糖可溶性粉剂 4 000 倍液。这类药剂在控制病毒的同时兼有增强植物抵抗力的作用，但效果不稳定。

生长调节剂类药剂有 0.1% 三十烷醇乳剂 1 000 倍液，1.5% 三十烷醇·硫酸铜·十二烷基硫酸钠（植病灵）乳剂 800 倍液，6%

菌毒·烷醇（病毒克）可湿性粉剂 700 倍液。这类药剂能刺激生长，抵消病毒的抑制作用，但缺点是有可能导致蔬菜早衰、减产、抗逆性降低。

另外，也可进行药剂复配，如用 1.5% 三十烷醇·硫酸铜·十二烷基硫酸钠乳剂 800 倍液 +0.014% 芸薹素内酯可溶性粉剂 1 500 倍液；20% 盐酸吗啉胍·乙铜可湿性粉剂 500 倍液 +0.014% 芸薹素内酯可溶性粉剂 1 500 倍液；0.5% 几丁聚糖可溶性粉剂 1 000 倍 +0.004% 植物细胞分裂素可溶性粉剂 600 倍液喷雾。

利用上述药剂和配方配制药液喷雾，每隔 5 ～ 7 天喷 1 次，连续使用 2 ～ 3 次。

第二章　非侵染性病害

一、花果异常类

（一）短柱花

【症状】　茄子的花属于两性花，也就是说同一朵花中既有雌蕊又有雄蕊，可以进行自花授粉。花多为单生，有的品种虽然为 2 ～ 3 朵花簇生，但通常只有基部 1 朵花能坐果，另外 1 ～ 2 朵很可能是短柱花，不能形成果实（图2-1）。茄子属自花授粉植物，也有一定的自然杂交率。开花时花药顶孔开裂，散出花粉。按雌蕊的长短，茄子的花可分为长柱花、中柱花和短柱花。长柱花的雌蕊柱头高出花药，能正常授粉，也易于受精（图 2-2）。短柱花的花柱低于花药，花小，花梗细，一般不能授粉，后期自行脱落，不能结果（图 2-3）。中柱花属于上两类的中间类型，有的虽然能结果，但坐果率低（图 2-4）。

基部的长柱花　　可能是短柱花

图 2-1　簇生花絮

图 2-2　单生的长柱花

图 2-3　不易坐果的短柱花

雌蕊的柱头

图 2-4　中柱花及其结构

雄蕊的花药

【病　因】　短柱花比例高，则茄子植株坐果率就低，而短柱花的比例与光照条件、营养条件及植株生长势有关。温度适宜，并有一定的昼夜温差，光照充足，肥水适宜，花的素质好，长柱花多，坐果率就高。温度偏低，光照不足，土壤干旱，植株营养不良，连阴天多，持续低温时间较长，高湿或病虫危害等情况下，形成的短柱花多，花的素质差，容易造成落花，坐果率就低。

【防治方法】

1. 培育壮苗　要减少短柱花的比例，防止茄子落花，首先要培育壮苗，因为大部分花芽是在幼苗期分化形成的，育苗阶段创造最适宜的环境条件。

2. 生态防治　设施栽培时加强环境调控，定植后调节好温度、

73

光照、水分和气体条件，并做好预防病虫害工作，对防落花具有重要意义。

3.激素处理　用生长调节剂对茄子的中柱花和长柱花进行处理，可以提高坐果率，抵消短柱花比例高对产量的影响，尤其是在夜间设施内温度低时，在保温的同时，处理花蕾、花或幼果是一项十分有效的补偿措施。对短柱花进行处理，也可以使果实坐住，但容易形成无种子的僵果，因而通常都放弃处理。激素处理的方法有如下几种：

第一，使用1.25%复合型2,4-D 20～30毫克／升稀释液，在开花前后1～2天，用毛笔涂抹花梗（图2-5）。或将花蕾在稀释后的药液中浸2～3秒钟后取出，不能喷花。为了防止重复处理，配制药液时可加入红色颜料作标记。不能将药液弄到叶片上，因为2,4-D对幼龄叶和植株生长点都有伤害作用。2,4-D的使用浓度与温室内的气温有关，当气温高于15℃时，使用浓度为20毫克／升（即对水625倍，约每0.5升清水中加入原药液24～25滴，摇匀）；当气温低于15℃时，使用浓度为30毫克／升（即兑水417倍，约每0.5升清水中加入原药液36～37滴，摇匀）。按照国家GB4285《农药安全使用标准》和GB8321-1－GB8321-6《农药合理使用准则1-6》，现在该药已列入生产无公害蔬菜的禁用农药，不应再用。

第二，使用2%坐果灵20～50毫克／升稀释液，在开花后的第二天下午4时前后，用手持式小喷雾器将稀释液对准花和幼果喷雾，不要喷到植株的生长点和嫩叶上，每隔5～7天喷1次（图2-6）。使用浓度也与温室内气温有关，当气温高于25℃时，浓度采用20毫克／升（即对水1 250倍，也就是每1毫升原药液加水1.25升）；当气温低于25℃而高于15℃时，浓度为30毫克／升（即对水833倍，也就是每1毫升原药液加水0.85升）；当气温低于15℃时，浓度为50毫克／升（即对水500倍，也就是每1毫升原药液加水0.5升）。

图2-5　用2,4-D药液涂抹花梗

图2-6　喷　花

　　第三，使用1%防落素（番茄灵）20～30毫克／升稀释液，喷花喷果，每隔10～15天喷1次。使用浓度也与气温高低有关，当气温高于15℃时，使用浓度为20毫克／升（即每1毫升原药液加水0.5升）；当气温低于15℃时，使用浓度为30毫克／升（即每1毫升原药液加水0.335升）。

　　第四，使用保丰灵1 500～2 500倍液，在开花前一天至开花当天至开花后一天，用手持式喷雾器喷花和幼果。使用浓度也与温度有关，当气温低于15℃时，用1 500倍液，即装0.4克药粉的一胶囊药粉，对清水0.6升；当气温高于25℃时，用2 500倍液，即一胶囊药粉对清水 1 升；当气温在 20℃ 左右时，使用浓度以 2000 倍液为宜，即 0.4 克药粉对水 0.8 升。

第五，使用丰产剂 2 号（0.11%对氯苯氧乙酸钠水剂），此药是一种复合植物生长调节剂，为无色透明液体，易溶于水，对人畜等安全，不污染环境，性质稳定，在无直射光的阴凉处长期存放不易分解失效。能有效防止落花落果，促进果实肥大，减少畸形果。在花开放（花瓣开成喇叭口形）时使用，在一般温度下（20℃～25℃），每袋 8 毫升，加水 0.5 升，低温（20℃以下）时，每袋加水 0.25～0.35 升，高温（25℃以上）时，每袋水加 0.75 升稀释。将稀释溶液装入小喷雾器中，对整个花序或单花喷雾，也可将花在药液中蘸一下。喷药时最好用手掌遮住花序附近叶片，以防止药液喷到植株生长点或幼叶上，避免出现药害。避免重复试用，温度在 32℃ 以上时避免使用。每袋可喷或蘸茄子花 1000 朵左右。

使用上述 5 种生长调节剂处理茄子蕾、花、幼果时应注意：一是药剂要当天配制当天使用，使用时间宜在上午 10 时之前和下午 3 时之后，严禁中午烈日下抹花、蘸花或喷花。二是勿任意降低或提高浓度及重复处理，以防无效或出现畸形果和裂果。三是可和尿素、磷酸二氢钾混喷，也可按 0.1%浓度加入速克灵可湿性粉剂，能防治灰霉病。在茄子绵疫病重发区，宜在生长调节剂稀释液中加入 0.1% 普力克水剂。四是如果不小心把药剂喷到嫩叶上而发生轻微卷叶，过几天就会展开，如果卷叶严重，可用 20 毫克／升的"九二〇"（90% 赤霉素 1 克，加水 50 升）喷雾，过几天就会转好，不会影响产量。

（二）果面坏疽

【症 状】　果实表面出现近圆形病斑，直径 2 厘米左右，相互连片，黑褐色，略凸起（图 2-7、图 2-8）。果皮组织坏死，后期木栓化。后期未见炭疽病、褐纹病等病征。

图 2-7　病　果

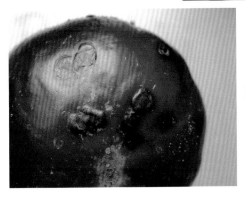

图 2-8　果面黑褐色病斑

【病　因】　由于没有发现病征，可以排除是侵染性病害。目前病因不明，只是根据发病环境分析，怀疑此病与高温、强光、高湿等环境因素有关，是一种因不良环境引发的生理失调现象。

【防治方法】　露地栽培时，注意植株调整，保证田间通风透光，避免湿气郁滞。炎热的夏季，必要时用遮阳网进行遮光栽培，避免极端高温和阳光直射。

（三）果面木栓化并开裂

【症　状】　这种果实生理病害的共同特征是，由于机械损伤，或土壤干旱，或涨裂形成小口，或阳光灼伤，或缺素等原因，导致果实表面出现木栓化区域，果皮坏死，不再膨大，同时果实内部也表现为僵硬，组织紧密结实（图 2-9、图 2-10）。这样的果

77

实在浇水后，就容易开裂形成不同程度的裂果（图2-11）。由于坏死部位不再膨大，而果实却要继续生长，导致开裂加重，种子外翻、裸露（图2-12）。

图2-9 果实的轻微裂口木栓化

图2-10 木栓化区域导致果实弯曲

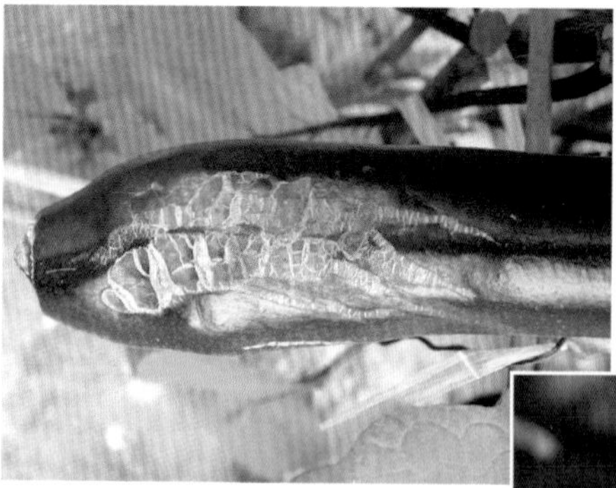

图2-11 木栓化区域开裂加重

图2-12 种子裸露

【病　因】　环境条件和栽培方式不同，病因也有差异。

第一，养分不均衡。低温弱光或高温强光期，正值果实膨大时期，植株对氮、钾、硼的吸收量增多，磷相对需要量较少，如磷素投入量过大，必然影响钾、硼的吸收，氮磷钾比例失调，使果实僵化，籽多肉少，果皮木栓化以后遇到浇水后发生裂果。此外，在温室、大棚中另一个较为突出的原因是土壤中钙素缺乏。

第二，水分供应不均衡。浇水不均匀，果实发育前期土壤干旱，造成果皮木质化，果实膨大过程中由于长时间的干旱后突然浇水，果皮生长速度不及果肉生长速度快，造成开裂。后期遇大雨或浇水，果实内部迅速膨大，果皮不能相应地增长，而严重开裂。

第三，日灼。强烈的直射阳光照射果实，导致果皮局部温度升高，果皮细胞坏死，木栓化。

第四，产量过高，植株老化。

第五，由于茶黄螨危害，茄子表皮增厚变粗糙，而内部组织继续生长，造成内长外不长导致果实开裂。

【防治方法】

1. 农业防治　合理施用磷肥，施用磷肥以基肥为主，结果盛期以钾肥为主，多使用含有海藻酸、氨基酸、中微量元素及活性物质的有机肥或冲施肥或含有微量元素的叶面肥。可以在果实膨大期喷施钙肥，比如甘露醇糖钙，可以增加果实表皮韧性，也可以喷施磷酸二氢钾等。补充硼肥，坐果后喷施 0.2% 硼酸溶液。均衡供水，水分供应的总体原则是不要过度控水，切忌土壤过干后灌大水。温室越冬茬茄子，在进入冬季以后，提前预防，尤其是在元旦前一定要注意浇水，不能大水漫灌。

2. 生态防治　预防日灼，选用生长势强，枝叶繁茂，叶片较大，果皮内木栓层较薄的品种。针对品种特性，选定合适的株行距，使叶片可以遮住果实，不受强光直接照射。加强田间管理，肥、水合理搭配，促进植株根深叶茂。结果期遇高温天气，可以在上午浇水，增加空气湿度，降低土壤温度。使植株在高温季节到来之前封垄。

（四）茄子着色不良果

【症　状】　茄子着色不良果分为整个果皮颜色变浅和斑驳状着色不良两种类型。除白茄之外，通常茄子果皮的颜色都是黑紫色的，但着色不良果，在转色期间出现异常，果面表现为淡紫色至黄紫色，个别果实甚至为绿色、墨绿色（图2-13、图2-14）。在保护地中多发生这种半面色浅的着色不良果。果面斑驳的果实，是在果面出现大面积白斑，其上散落紫斑。茄子的颜色是衡量茄子商品价值的重要指标，因此着色不良果的商品性较低。

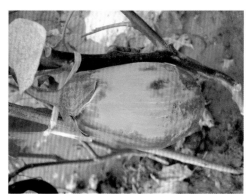

图2-13　果面为绿色的着色不良果

图2-14　墨绿色果面的着色不良果

【病　因】　茄子果实着色受光照影响很大。坐果后用不透光的黑袋子套住果实，最后会长成白茄，这证明茄子果实着色需要光照。

茄子的紫色色素在表皮下细胞中积累，逐步表现为紫色，色素的形成与积累和光线有关。在不透紫外线的塑料薄膜温室中，或植株过于郁闭、光照弱的条件下容易形成着色不良果。

因此，坐果后如果花瓣还附着在果实上，则不见光的地方着色不良，果面颜色斑驳。植株冠层内侧的果实，因叶片遮光而形成半面着色不良果。栽培过程中，薄膜上覆盖灰尘，内表面附着水滴，透光率下降，而且冬天温室内植株受光时间短，透光量更低，因此，茄子在越冬长期栽培中，尤其在日照少的地区，着色不良果发生严重。

茄子果实基部与顶部颜色深浅不一。基部的细胞为新生细胞，容易着色，但因受光时间短，所以靠近果蒂部分颜色却较浅。在短日照下栽培的茄子每天受光时间缩短，颜色稍浅，如果遮住直射光，只留散射光，则茄子虽能着色，但颜色极淡。光照中光质对果实着色影响很大，果实着色需要接受 320 ~ 370 纳米的近紫外线的充分照射。保护地栽培时，塑料薄膜的种类对果实着色影响很大，有的薄膜对果实着色有明显的抑制作用。

低温对果实着色影响不太大，高温干燥条件下，营养不良，容易产生果皮缺乏光泽的"乌皮果"。

茄子果实着色好坏存在品种间差异，即使通常着色良好的品种，但在不良条件下也表现着色不良。

【防治方法】

1. 使用紫光膜　提高棚室薄膜紫外线透光率是改善病情的有效途径，紫外线是影响茄子着色的重要因素，普通的聚乙烯或聚氯乙烯薄膜的紫外线透过率低，不能满足茄子的着色需要，应选用紫外线透过率较高的专用薄膜，目前市场上有称作"茄子专用膜"、"紫光膜"的专用薄膜出售。在薄膜使用过程中，要经常擦洗，保持清洁。每年应更换新膜，否则会得不偿失。

2. 加强栽培管理 注意栽植密度、整枝方法、摘叶程度，必须让果实充分照光。在长期栽培中，应该保证坐果节位下有 3 片真叶，侧枝及时摘心。在人力允许的情况下，尽可能进行摘叶。但应注意，摘叶多果实颜色虽好，却容易减产，因此应适度摘叶。坐果后及时摘除花瓣能预防灰霉病发生，促进果实着色。

二、茎叶异常类

（一）生理变异株

【症 状】 据作者观察，生理变异株只在田间零星出现，通常不超过 3%。生理变异株最大的特点是茎粗壮、扁平，其横截面近长方形，叶片集中生长（图 2-15）。生长点簇生大量花和幼叶，多畸形（图 2-16）。

图 2-15 扁平的茎

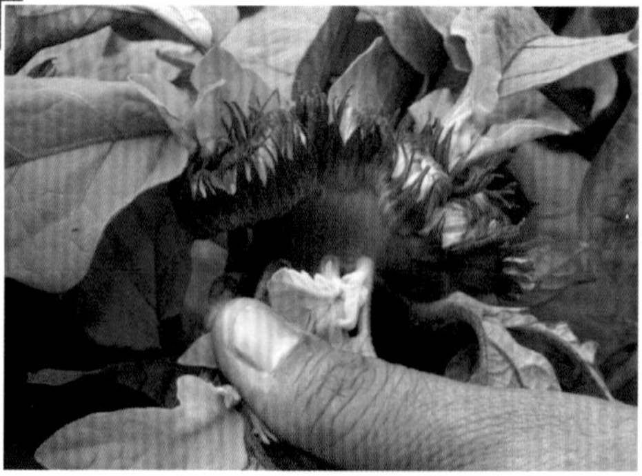

图 2-16 病株顶部

【病　因】　据作者多年观察发现，育苗用的营养土中，如果掺入速效氮肥的量过多，或在育苗过程中叶面喷施过量速效氮肥，或定植时的基肥中含过量速效氮肥，就会在结果后出现少量生理变异株。而在同样的环境下育苗，使用氮肥量少者，就很少或没有变异株出现。另外，采用无土育苗方法用营养液提供营养所培养出的幼苗，在定植后也没有发现变异株。因此推测，生理变异株的产生，与早期植株过量吸收氮素有密切关系。

另外，也有人认为，此病的发生与品种有关，有些品种发病的几率很小。

【防治方法】　生理变异株结果较少，对产量有一定影响，但由于只是个别发生，比例很小，又不具有传染性，所以生产中可以不予理睬。发现病株后，目前尚无针对性的适宜的治疗方法，有些菜农通过喷施锌、硼等微量元素肥料，或喷赤霉素、细胞分裂素等激素类药剂的方法治疗，都是没有效果的，只能通过在育苗期间和定植初期避免过量施用速效氮肥等措施加以预防。

（二）植株徒长

【症　状】　徒长现象在苗期和成株期均会发生，苗期表现为茎细长，节间长，叶色淡绿。成株期表现为茎叶旺长，叶片多，叶面积大，植株高大，节间长，花小，坐果难，产量低（图2–17、图2–18）。

图 2–17　塑料大棚徒长植株

图 2—18　日光温室茄子徒长植株

【病　因】　施肥多，尤其是氮肥用量大。土壤过湿，相对湿度达到80%左右。连续阴雨天气，定植过密，光照不足。通风透气不良，昼夜温差小也容易导致植株徒长。

【防治方法】

1. 培育壮苗　严格控制苗龄，早作定植准备，促进秧苗缓苗。在育苗时很容易徒长，用生长抑制剂处理可有效防止徒长，提高其抗旱、耐寒能力，并能促进花芽分化。早春育苗在幼苗长出 2 ～ 4 片真叶时喷 1 次 10 毫克／升多效唑，或 5 ～ 10 毫克／升烯效唑，夏秋育苗在长出 2 片真叶时喷 2 0 毫克／升的多效唑。也可于长出 2 片真叶和 5 ～ 8 片真叶时分别喷洒 1 次 100 ～ 200 毫克／升的助壮素。

2. 避免高温　春末夏初，随着温度的回升，拱棚内温度较高，在夜温较高的情况下，植株夜间呼吸消耗的营养较多，导致植株徒长。因此，要及时进行通风，降低温度，尤其是夜温。冬春茬茄子，从植株缓苗后，在保持一定温度下，要大胆放风，降低棚内湿度。一开始开花坐果，应及时加大顶部放风口，并逐渐放底风，使白天温度保持在25℃～28℃，夜间15℃～18℃即可。后期，昼夜都要通风。进入炎夏高温季节，可将塑料薄膜撤除，如同露地栽培。

3. **留果控棵**　适时适量整枝打叶，搭架，使田间通风透气良好。枝叶茂盛者必须进行整枝，一般采用单干或双干整枝方式。双干整枝，当前主要依靠侧枝结果，植株上的果实相对较少。在一次性摘果过多时，植株上果实突然减少，很容易导致植株徒长，因此，应注意适当多留果，通过果实吸收养分，抑制茎叶旺长。

4. **少施氮肥**　由于春季定植时，气温地温较低，很多棚室植株长势偏弱。因此，气温回升后，不少菜农通过增加氮肥的用量促进植株生长，因此，导致植株徒长。特别是植株处在结果前期，为防止徒长，应减少氮肥的用量。底肥要充足，一般在开花坐果前不要施肥，特别是采用了地膜覆盖的，在坐稳果后，才开始视情况适量追肥。控制氮肥用量，采用深沟高畦栽培，促进根系生长。

5. **适度控水**　在水分充足，土壤湿度较大的情况下，很容易导致植株徒长。为避免植株徒长，特别是坐果较少的情况下，可适当控水，减少浇水量以及浇水的次数。缓苗期适当少浇水，一般不灌水。门茄膨大，对茄坐住时，增加浇水次数。

6. **激素调控**　进入营养生长旺盛期后易出现疯长，影响开花坐果，可在此期每隔 10 天喷 1 次 200～300 毫克／升的助壮素，共喷 2～3 次，或在此期喷 1～2 次 20～30 毫克／升的多效唑，抑制营养生长，促进生殖生长。并用生长调节剂如防落素喷花，促进坐果，抑制过度营养生长。

需要注意的是，为了抑制植株徒长，如果过量使用助壮素、矮壮素等进行控制，结果植株虽然得到控制，但果实生长也受到了影响。因此，有人认为此法得不偿失。

（三）下部叶片黄化

【症　状】　最初叶片正面略发黄，出现黄斑，边缘不明显，大小不一致，从小叶基部向叶缘扩展，并伴有叶片轻微皱缩（图

2-19）。轻者，仅仅表现为叶片变黄，严重的地块，叶片背面叶脉附近的叶肉会呈褐色坏死状（图2-20）。以后逐渐扩大，正面黄斑越来越明显、越来越大，背面出现不规则的红褐色坏死斑。

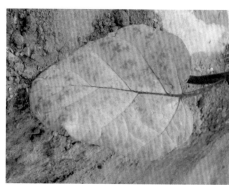

图2-19　黄　叶

图2-20　病　株

　　有时出现黄斑，而叶脉仍为绿色，似缺镁状，但根本原因也不是土壤缺镁。还有的表现出缺铁状，根本原因却不是缺铁。所有这些缺素症状，都是由于土壤本身的问题，或由土壤导致的根系生长问题，使根系不能吸收这些元素而导致的。

　　【病　因】　植株下部叶片黄化通常是一种连作障碍在特定环境条件下的表现。由于多年连作，大量使用化肥，土壤理化性质变差，根系受到损坏，吸收养分能力降低。导致植株缺乏养分，表现为黄叶甚至叶肉坏死，并伴有缺磷、缺镁、缺铁的一种或多种缺素症状。无论直接病因是什么，其根本原因多数是土壤连作障碍。

首先，多年连作，大量使用化肥，致使土壤溶液浓度升高，根系就如同泡在盐水之中，虽然土壤中含有丰富的养分，但根系吸收不了，从而会表现出各种缺素症状。其次，多年连作，根系会分泌出毒素，自己杀死自己，称为根的自毒作用，这是植物抵抗不良土壤环境的一种"自杀"现象，是在进化过程中形成的，这些毒素会导致黄叶。最后，多年连作，植物一直吸收类似的某些养分，而某些不被吸收的养分在土壤中大量积累，今年不吸收，明年也不吸收，多年以后，无用的养分就会越来越多，导致土壤浓度和酸碱度发生变化。比如，如果施入硫酸铵，铵离子被大量吸收，而茄子吸收硫酸根比较少，大量积累于土壤中，年年如此，土壤中就会积累大量硫酸根，必然对植物造成危害。这种连作障碍的结果，不仅导致土壤环境不良，根系也会受到损坏。表现为根量少，根毛几乎没有，根系颜色深，甚至变褐坏死，根皮极易剥落，等等。

因此，有很多情况均是因为根系有问题而导致叶面上呈现不同症状，比如，在根系损坏 5%时，就会出现心叶发黄或扭曲畸形症状，在根系坏掉 10%时，心叶出现干边，脱水症状；坏掉 20%左右时会出现局部缺素、叶片黄化症状。在地温适合的情况下浇水，在根系坏掉 30%时，叶片迅速从下部逐渐向上黄。在阴雨天气或浇水后根系坏掉 40%时，便会出现不同程度的萎蔫。出现这些病害后需灌施药物，灌药后使根系不再腐烂，要等新根发生以后，才能恢复正常。

有的茄子在使用某些农药后，如啶虫咪、杀螟丹等，会加剧危害，提前显症，往往被误认为药害，另外，温度高，土壤湿度突然增大，也会提前显症。茄子嫁接非常容易出现这种症状。

另外，农药中的助剂也会引发叶片黄化，茄子对一些助剂比较敏感，如果农药里面的增效剂多了就会发生。

【防治方法】

1. 叶面喷肥　　停止使用化肥，改用黄腐酸、氨基酸冲施肥或生物菌肥，并掺入或叶面喷施甲壳素。基层的防治经验是喷氨基酸类的叶面肥、芸薹素内酯或复硝酚钠。因助剂原因引发的黄叶，通常喷用氨基酸类的叶面肥后症状就会基本消失，不影响产量。

2. 使用生根剂　　使用冲施肥时掺入生根剂，或单独用生根剂灌根，促进根系发育，刺激发生新根。

3. 增施有机肥　　下茬栽培前，大量使用有机肥，以温室越冬茬长季节栽培的茄子为例，秦皇岛菜农通常按每667米^{2}约20车（小四轮农用车）的量使用有机肥做底肥。最好在栽培垄下采用玉米秸秆反应堆，在使用秸秆反应堆的温室中，没有一例出现这种症状。

图 2-21　受害幼株

（四）环境不良类

1. 雹　害

【症　状】　冰雹主要通过冲击力对果实和茎叶造成机械损伤。植株茎叶受伤，减少了光合面积，严重影响光合作用（图2-21、图2-22）。

图 2-22　叶片破碎

【形成原因】　冰雹是在对流性天气控制下，积雨云中凝结生成的冰块从空中降落的现象，是我国的主要灾害性天气之一。地方性强，季节性明显，持续时间短暂，但来势凶猛，强度大，常伴有狂风骤雨，往往给局部地区造成较大损失。

根据冰雹的发生条件、发展过程、降雹的强度，通常分气团降雹、飑线降雹、冷锋降雹。气团降雹是一种弱降雹天气，雹块小，降雹范围也不大，危害较轻。飑线降雹多数是指在冷气流和暖湿气流的共同影响下产生的，是一种强烈的降雹天气。一般雹块较大，移动快，波及的范围也较大，通常使十几个县甚至几十个县严重受灾。冷锋降雹和飑线降雹类似，也是强烈的降雹天气，它的生成直接与锋面活动有关，严重时常造成大面积灾害。

【防治方法】

1. 预报　根据气象部门预报，做好防雹工作。预报冰雹，大都是利用地面的气象资料和探空资料，参照当天的天气形势，寻找可靠的预报指标。菜农也可以根据对云中声、光、电现象的仔细观察，在认识冰雹的活动规律方面积累经验。例如，根据雷雨云和冰雹云中雷电的不同特点，有"拉磨雷，雹一堆"的说法。冰雹来临以前，云内翻腾滚动十分厉害，有些地方把这种现象叫"云打架"。常常是两块或几块浓积云相对运动后合并而加强发展，往往有利的地形条件也加强了这种"云打架"的气流汇合。另外，在冰雹云来临时，天空常常显出红黄颜色。冰雹云底部是黑色或灰色，云体带杏黄色。有些地方有"地潮天黄，禾苗提防"（防冰雹）的说法。当前，在研究冰雹的工作中各地也使用了很多科学仪器，如闪电计数器。识别冰雹云最有力的工具是雷达，利用雷达可以定量地观测到云的高度、云的厚度、云的雷达回波强度等特征量，可以连续地监视云的移动及其结构变化，找出经验指标。

2. 防雹　在做好冰雹预报、识别冰雹云并密切监视冰雹云的同时，充分做好防雹准备。 目前使用的防雹方法有两种，一种是爆炸方法，用空炸炮和土追击炮，发射高度 300 ～ 1 000 米。也有些地区采用各种火箭、高射炮，可以射到几千米高空。另一种为化学催化方法，利用火箭或高射炮把带有催化药剂（碘化银）的弹头射入冰雹云的过冷却区，药物的微粒起了冰核作用，过多的冰核分"食"过冷水而不让雹粒长大或拖延冰雹的增长时间。

3. 补救 遭受雹灾后，一般不要轻易改种其他作物，只要管理及时，措施得当，仍能获得收成。只要生长点未被砸坏，就不要轻易翻种。雹灾过后，及时剪去枯叶和被冰雹打碎的烂叶，促进心叶生长。追肥，对植株恢复生长具有明显促进作用。补苗，出现缺苗断垄的地片，可选择健壮大苗带土移栽，移栽后及时浇水、追肥，促进缓苗。

（五）高温障碍

【症 状】

1. 叶片 长期处于高温强光下的茄子植株通常叶色浓绿，大而厚实，植株低矮，缺水时叶片略上卷（图 2–23）。受害叶片叶脉之间的叶肉出现不规则形坏死斑，后期叶片破碎（图 2–24）。

图 2–23 植株裸露叶片受害

图 2–24 受害叶片破碎

90

2. 果实　果实被灼伤，称作日灼病，初期受害果实表皮呈灰白色革质状，表面变薄、皱缩，组织坏死、发硬，好像被开水烫过一样。在潮湿的条件下，容易受腐生菌侵染，可长出灰黑色霉层而使病部腐烂。尤其是在晴朗的夏天，若没有叶片保护，朝西南方向的果面上长期受到较强阳光照射，果实表面局部温度上升很快，蒸发耗水急骤增多，果实向阳面温度过高，水分供应不及时而灼伤。

【病　因】　日光温室或大棚茄子，由于棚内温度过高，比如，中午时有的棚内最高气温达到 40℃ 左右，导致茄子生长不良，叶片受害。露地越夏茄子在 7、8 月份，高温、强光环境也会使茄子受害。

【防治方法】

1. 通风降温　为了避免棚内出现高温障碍，要注意将大棚的上下放风口全部打开，让棚外的冷空气进入棚内后，与棚内的热空气形成对流，以加速热空气的排出，从而有利于棚内温度的降低。需要提醒菜农注意的是，在放风时，要在放风口的下方设置挡风膜，以防冷风直吹到果面上，导致果实出现皱皮、裂口等。

2. 遮阳降温　当通过放风方法还不能将棚内温度控制在适宜茄子生长的要求范围之内时，最好使用遮阳网遮阳降温，避免过强的光照直接照射到棚内，通过减弱光照起到降温效果。在选购遮阳网时，作者认为，在北方不宜选用遮光过强的黑色遮阳网，通常以选用遮光率 30% 以下的灰色遮阳网甚至白色纱网为宜，这种网既能遮光降温，又不影响叶片光合作用。使用时，通常在上午棚内温度接近适宜生长的最高温度上限时将遮阳网放下，在下午 2～3 时，棚内温度低于适宜生长的最高温度时卷起，将遮阳网放下时不能挡住放风口。总的来讲，这种方法遮光效果好，但使用麻烦，且很多菜农选择的遮阳网遮光率过高，影响了植株正常生长。

还可以采用向薄膜上泼洒泥浆的方法，没有成本投入，但遮光不均，效果难以保证，也容易被雨水冲刷。

3. 喷雾降温　在夏季中午时，因为棚内温度较高，叶片蒸发量大，根系吸收的水分不能满足蒸腾作用的需要。可以用在棚内安装微喷头喷雾的方式来降低棚温，这样做还能增加棚内空气湿度。

4. 喷肥　叶面喷洒甲壳素、氨基酸、黄腐酸、海藻酸等叶面肥，促进健壮生长，提高其对高温强光的耐受能力。

5. 植株调整　通过适当整枝，促进植株健壮生长，保持植株上有适当的叶片指数，提高植株应对高温强光的能力。

6. 勤浇水　合理追肥，提高棚内湿度，促进根深叶茂，保证植株充足的水分供应，增加叶片蒸腾，从而有效降低叶片温度，减轻高温强光危害。需要注意的是，不能在炎热的夏季中午浇水。

（六）日　灼　病

【症　状】　日灼病通常是指果实受到强烈的阳光伤害的现象。

1. 果实　通常是果实上部偏东南位置的果面受害，受阳光灼伤位置褪色发白，皮层变薄，组织坏死，表皮皱缩（图2-25、图2-26）。受短期强烈高温、强光危害时，果实呈革质状（图2-27）。后期易引起腐生真菌侵染，出现黑色霉层，湿度大时细菌侵染而发生果实软腐（图2-28）。

图 2-25　受害植株

图 2-26　果实
受害部位皱缩

图 2-27　果皮革质

图 2-28　受害
果实感染真菌

　　受害部位果皮坏死，失水后木栓化，如果果实继续膨大，会导致果面龟裂（图 2-29）。切开果实，可见果肉颜色正常，以此证明不是侵染性病害，病因也不是源于果实内部（图 2-30）。

图 2-29 果面龟裂

图 2-30 果实内部正常

2. 叶片 当温室中气温超过 35℃以上时茄子就有可能发生日灼，通常是位于温室中后部高温区植株上部功能叶受害，叶肉失绿发白，叶肉坏死，叶绿素被破坏，但叶脉基本正常。受害叶在植株上表现整齐一致。如受害较轻，则只在中后部较高植株的上位叶上出现密布的白灰色小点。如室内气温高达 45℃以上，30～40 分钟即可使基叶灼伤、坏死。

3. 花 受日灼的植株，由于授粉受精受到影响，果实多出现畸形。

【病 因】 炎热的中午或午后，土壤水分不足、雨后骤晴都可致果面温度过高，果实暴晒引起局部过热形成灼伤，引起日灼病。

茄子开花结果初期是发生日灼的临界期。原因是这一时期是蹲苗阶段,土壤含水量处于低谷。植株水分生理也处于需水临界期,一旦遇到高温环境,水分供需不平衡,就会发生日灼。其他生育时期如管理不当也可能发生日灼病。

导致日灼的具体原因有,种植过稀,阳光直射果实表面;久阴转晴,不注意补水;中午高温时放风不及时或风口过小,导致室温骤升;水肥管理粗放,浇水不及时,又遇到高温。

【防治方法】

1. 均衡浇水　及时浇水追肥,果实"瞪眼期"及时浇水,不可蹲苗过久。低温季节栽培,浇水前,如遇到阴冷天,但又确实缺水,可用温水浇点根水,补充水分。土壤不可缺水,结果盛期可适当增加浇水量。

2. 环境调控　严格把开花结果期室温控制在18℃～28℃,严禁出现33℃以上高温。如因偶然失误,致使室内出现33℃以上高温,应先回苦1/3,放小风,缓慢降温,同时叶面补充一点水分,降低叶温。待温度恢复正常后,再加大放风口,卷起放下的1/3草苫。应该特别注意的是,出现高温后,不要立即开大口放大风。空气湿度一般保持在70%～80%,不要过高,以防病害发生。

3. 补救措施　日灼病如发生轻微,数天后可恢复正常。如日灼面积大,可用赤霉素、芸薹素内酯喷雾,浓度切记不要过高,可缓解日灼病情。

第三章 虫 害

一、半翅目

（一）斑须蝽

【别 名】 细毛蝽、斑角蝽、黄褐蝽、臭大姐。

【学 名】 *Mamestra brassicae* Linnaeus（*Dolycoris baccarum* Linnaeus）。

【分 类】 昆虫纲，半翅目，蝽科。

【危害特点】 主要以成虫和若虫刺吸嫩叶、嫩茎及果实的汁液。茎叶被害后，出现黄褐色斑点，严重时叶片卷曲，嫩茎凋萎。果实被害后，在果面上形成黄色不规则斑痕。边缘不整齐，近似星形，深达果肉。

图 3-1 卵

【形态特征】

1. 卵 长圆筒形，初产为黄白色，孵化前为橘黄色，眼点红色，有圆盖。卵聚集成块，每个卵块有卵 16 粒左右（图 3-1）。

2. 若虫 共 5 龄。体暗灰褐或黄褐色，全身被有白色绒毛和刻点。触角 4 节，黑色，节间黄白色，腹部黄色，背面中央自第 2 节向后均有 1 块黑色纵斑，各节侧缘均有 1 块黑斑（图 3-2）。

图 3-2 若 虫

3. 成虫 长椭圆形，赤褐色、灰黄色或紫褐色，全身密被白绒毛和黑色小刻点。雌虫体长 11.2 ～ 12.5 毫米，宽约 6 毫米，雄虫 9.9 ～ 10.6 毫米。触角 5 节，黑色，第 1 节短而粗，第 2 ～ 5 节基部黄白色，形成黄黑相间的"斑须"。喙细长，紧贴于头部腹面。小盾片三角形，末端鲜明的淡黄色，钝而光滑，为该虫的显著特征。前翅革质部淡红褐至红褐色，膜质部透明，黄褐色。足黄褐色，散生黑点（图 3-3、图 3-4）。

图 3-3 成虫（背面）

图 3-4 成虫（腹面）

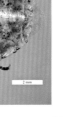

【发生规律】 以成虫在田间杂草、枯枝落叶、植物根际、树皮下越冬。4月初开始活动，4月中旬交尾产卵，4月底5月初幼虫孵化，第1代成虫6月初羽化，6月中旬为产卵盛期，第2代于6月中下旬7月上旬幼虫孵化，8月中旬开始羽化为成虫，10月上中旬陆续越冬。卵多产在作物上部叶片正面或花蕾、果实的苞片上，多行整齐排列。初孵若虫群聚危害，二龄后扩散危害。

种植密度大，株、行间郁闭，通风透光不好，易发生虫害。氮肥施用太多，植株生长速度快，茎叶过嫩，易发生虫害。重茬地，田间病残体多，肥力不足，杂草丛生，肥料未充分腐熟的田块易发生虫害。地势低洼积水，排水不良，土壤潮湿易发生虫害。高温、高湿、多雨、日照不足天气易发生虫害。干旱、少雨，气温适宜（20℃～30℃），也有利于虫害的发生与发展。

【防治方法】

1．农业防治 定植前或收获后，清除田间及四周杂草，集中烧毁或沤肥。深翻地灭茬、晒土，促使病残体分解，减少病源和虫源。选用排灌方便的田块栽培茄子，开好排水沟，达到雨停无积水，大雨过后及时清理沟系，防止湿气滞留，从而降低田间湿度，这是防虫的重要措施。合理密植，增加田间通风透光度。提倡施用酵素菌沤制的或充分腐熟的有机肥，不用未充分腐熟的肥料。采取测土配方技术，科学施肥，增施磷钾肥。重施基肥、有机肥，有利于减轻虫害。

2．生物防治 重视保护利用天敌，特别要保护斑须蟠卵蜂和稻蟠小黑卵蜂。但这一点在露地栽培或一般的设施栽培中很难做到。

3．化学防治 通常虫害不严重时，仅在防治其他害虫时顺便防治此虫。当危害严重时，则需要喷药，可采取5点取样法调查虫情，当百株茄子虫量达到20～30头，田间出现明显受害状时，应喷杀虫剂，可喷洒下列药剂：20%灭多威乳油1 500倍液，90%敌百虫晶体1 000倍液，50%辛硫磷乳油1 000倍液，2.5%敌杀死乳油 1 000 倍液，2.5% 鱼藤酮乳油 1 000 倍液，2.5% 功夫乳油 1 000 倍液，5% 锐劲特悬浮剂 2 000 倍液，25% 阿克泰乳剂 6 000 倍液，48% 毒死蜱乳油 1 000 倍液，18.1% 富锐乳油 2 000 倍液，0.05% 异羊角水剂 1 000 倍液，3.5% 锐丹乳油 1 000 倍液，2.5% 溴氰菊酯 3 000 倍液等。每 7 天喷雾 1 次，连续防治 2 次即可。

（二）茶翅蝽

【学　名】*Halyomorpha halys* (Stl)。

【分　类】昆虫纲，半翅目，蝽科，蝽亚科。

【危害特点】 以成虫、若虫刺吸幼嫩叶片和果实汁液。果实受害后，形成斑痕，降低果实商品品质。

【形态特征】

1. 卵　短圆筒形，顶平坦，中央稍鼓起，周缘环生短小刺毛。初产时乳白色，接近孵化时变褐色，常 20 余粒排列成块（图 3-5）。

图 3-5　成虫产卵

2. 若虫　形似成虫，无翅。初孵化时体接近白色。腹背有黑斑，体长约 2 毫米，胸部及腹部第 1 ～ 2 节两侧有刺状突起。腹部第 3 ～ 5 节各有 1 红褐色疣突（图 3-6、图 3-7）。

图 3-6　破卵而出的若虫

图 3-7 若 虫

3. 成虫 体长 15 毫米左右，宽 8 毫米左右。体扁平，略呈椭圆形。全体黄褐色至茶褐色。触角褐色，5 节，第 4 节的两端和第 5 节的基部为黄褐色。前胸背板前缘有 4 个黄褐色排列斑。小盾片有 5 个小黄斑，两侧的斑点明显（图 3-8）。

图 3-8 成 虫

【发生规律】 北方 1 年发生 1 代，以成虫在墙缝、石缝，树洞和草堆等处越冬。翌年 5 月中旬开始活动，先危害茄子幼嫩顶梢，6 月中旬开始产卵，卵多产于叶背，常 20 余粒排列成一卵块。卵期 4～5 天，若虫孵化后，先静伏于卵壳周围或上面，以后分散危害。成虫及若虫以刺吸式口器刺吸嫩叶和果实。7 月中旬出现当年成虫，发生不整齐。8 月中旬越冬代成虫尚有产卵，9 月上旬仍能危害果实。9 月下旬以后当年成虫飞向房屋、石缝及其他场所潜伏越冬。

【防治方法】

1.人工捕捉 在越冬场所诱集，秋季在田边空房内，将纸箱、编织袋等折叠后挂在墙上，或在田地周围搭盖秸秆草棚，能诱集大量成虫在其中越冬，翌年出蛰前收集消灭，或在秋冬傍晚于房前屋后、向阳墙面捕杀茶翅蝽越冬成虫。

2.药剂防治 诱杀成虫，田间种一点红萝卜、芹菜、洋葱等，开花时能释放出特殊香味诱引椿象。可在其上喷施杀虫剂集中杀死。越冬成虫出蛰盛期和卵孵化盛期喷药防治，药剂可选用20%灭多威乳油2 500倍液，80%敌敌畏乳油1 500倍液，2.5%功夫菊酯乳油2 500～3 000倍液等。每7天喷雾1次，连续防治2次。

（三）黑须稻绿蝽

【别　名】 黑须稻缘蝽、黑须绿稻蝽。

【学　名】 *Nezara antennata* Thompson。

【分　类】昆虫纲，半翅目，蝽科。

【危害特点】 以成虫或若虫刺吸幼嫩果实，形成凸起状斑痕（图3-9、图3-10）。

图3-9　若虫危害果实

图3-10　受害果实

101

【形态特征】

1. 卵　杯型，直径 1 毫米左右，顶端有盖，周缘白色，有 1 环白色小齿，中心隆起，精孔突起呈环，约 24～30 个，初产时淡黄色，后变为红褐或灰褐色，卵块六角形（图 3-11）。

图 3-11　卵

2. 若虫　若虫共 5 龄。一龄若虫体长 1.1～2.0 毫米，腹背中央有 3 块排成三角形的黑斑，后期黄褐，胸部有 1 块橙黄色圆斑，第 2 腹节有 1 块长形白斑，第 5、6 腹节近中央两侧各有 4 块黄色斑，排成梯形（图 3-12）。二龄若虫体长 2.0～2.5 毫米，黑色，前、中胸背板两侧各有 1 块黄斑（图 3-13）。三龄若虫体长 2.5～4.2 毫米，黑色，第 1、2 腹节背面有 4 块长形的横向白斑，第 3 腹节至末节背板两侧各具 6 个，中央两侧各具 4 块对称的白斑（图 3-14）。四龄若虫体长 5.2～7.0 毫米，头部有倒"T"形黑斑，翅芽明显（图 3-15）。五龄若虫体长 7.5～12 毫米，绿色为主，触角 4 节，单眼出现，翅芽伸达第 3 腹节，前胸与翅芽散生黑色斑点，外缘橙红，腹部边缘具半圆形红斑，中央也具红斑，足赤褐，跗节黑色（图 3-16）。

图 3-12　若虫（一龄，体长 2 毫米）

图 3–13　若虫（二龄，体长 2–5 毫米）

图 3–14　若虫（三龄，体长 4 毫米）

图 3–15　若虫（四龄，体长 6 毫米）

图 3–16　若虫（五龄，体长 9 毫米）

3.成虫　　全绿型成虫体长12～15.5毫米，宽6～8.5毫米，长椭圆形，全身青绿色（越冬成虫暗赤褐），腹下色较淡（图3-17）。头近三角形，触角5节，基节黄绿，第3、4、5节末端棕褐，复眼黑，单眼红色。前胸背板边缘黄白色，侧角圆，稍突出，小盾片长三角形，基部有3个横列的小白点，末端狭圆，超过腹部中央。前翅稍长于腹末。足绿色，跗节3节，灰褐，爪末端黑。腹下黄绿或淡绿色，密布黄色斑点（图3-18）。

图3-17　成虫（俯视）

图3-18　翅下腹部为黑色

【发生规律】　　在淮河以北地区1年发生1代，淮河以南发生2～3代，其中四川、江西年发生3代，广东年发生4代，少数5代。以成虫在杂草、土缝、灌木丛中越冬。有群集性。卵多产于叶片上，2～6行排列成块状。每卵块30～70粒卵。卵的发育起点温度为12.2℃，若虫为11.6℃。一至二龄若虫有群集性，二

至三龄若虫仍多群集危害，四龄后分散危害。若虫和成虫有假死性，成虫有趋光性和趋绿性。越冬期间体色常由绿色变为紫褐色，越冬后又转为绿色。

【防治方法】

1. 农业防治　　冬春清洁田园，铲除田边、沟边杂草，清洁附近枯枝落叶，减少越冬虫源。

2. 药剂防治　　在成虫迁入高峰期或二至三龄若虫期，选择喷洒下列药剂：90%晶体敌百虫 1 000 倍液，80%敌敌畏乳油 1 500 倍液，25%亚胺硫磷乳油 1 500 倍液，50%二溴磷乳油 1500 倍液，10%多来宝乳油 2 000 倍液，95%乙酰甲胺磷乳油 3 000 倍液，10%氯氰菊酯乳油 4 000 倍液，10%二氯苯醚菊酯乳油 4 000 倍液，10%天王星乳油 4 000 倍液，35%赛丹乳油 2 500 倍液，喷药 1 次即可。

（四）瘤缘蝽

【学　名】　*Acanthocoris scaber* Linnaeus。

【分　类】　昆虫纲，半翅目，异翅亚目，蝽次目，缘蝽科，缘蝽亚科。

【危害特点】　瘤缘蝽以成虫、若虫群集或分散于茄子植株的地上绿色部分，包括茎、嫩梢、叶柄、叶片、花梗、果实上刺吸危害，以嫩梢、嫩叶与花梗等部位受害较重（图 3-19、图 3-20）。果实受害时表现为局部变褐、畸形。叶片受害时表现为卷曲、缩小、失绿。刺吸部位有变色斑点，严重时造成落花落叶，整株出现秃头现象，甚至整株叶片成片枯死。

图 3-19　叶片受害状

图 3-20 茎受害状

【形态特征】

1. 卵 初产时金黄色，后呈红褐色，底部平坦，长椭圆形，背部呈弓形隆起，卵壳表面光亮，细纹极不明显，卵长1毫米左右（图3-21）。

图 3-21 卵

2. 若虫 初孵若虫头、胸、足与触角粉红色，后变褐色，腹部青黄色。低龄若虫头、胸、腹及胸足腿节乳白色，复眼红褐色，腹部背面有2个近圆形的褐色斑。高龄若虫与成虫相似，胸腹部背面呈黑褐色，有白色绒毛，翅芽黑褐色，前胸背板及各足腿节有许多刺突，复眼红褐色，触角4节，第3～4腹节间及第4～5腹节间背面各有1块近圆形斑（图3-22、图3-23、图3-24、图3-25、图3-26）。

图3-22 若虫（一龄，体长1-5毫米）

图 3-23 若虫（二龄，体长 2-5 毫米）

图 3-24 若虫（三龄，体长 4 毫米）

图 3-25 若虫（四龄，体长 6 毫米）

图 3-26 若虫（5龄，体长 9 毫米）

3. 成虫　体长 10.5 ～ 13.5 毫米，宽 4 ～ 5.1 毫米，褐色。触角具粗硬毛。前胸背板具显著的瘤突，侧接缘各节的基部棕黄色，膜片基部黑色。胫节近基端有 1 块颜色较浅的环斑，后足股节膨大，内缘具小齿或短刺。喙达中足基节（图 3-27、图 3-28）。

图 3-27　成　虫

图 3-28　成虫头部

【发生规律】　在我国南方地区 1 年发生 1 ～ 2 代，以成虫在菜地周围土缝、砖缝、石块下及枯枝落叶中越冬。越冬成虫于 4 月上中旬开始活动，全年以 6 ～ 10 月份危害最烈。卵多聚集产于寄主作物叶背，少数产于叶面或叶柄上，卵粒成行，稀疏排列，每块 4 ～ 50 粒，一般 15 ～ 30 粒。成、若虫常群集于寄主嫩茎、叶柄、花梗上，整天均可吸食，发生严重时 1 棵植株上有几百头甚至上千头聚集危害。成虫白天活动，晴天中午尤为活跃，夜晚及雨天多栖息于寄主叶背或枝条上。受惊后迅即坠落，有假死习性。

【防治方法】

1. 农业防治　通过合理施肥、合理种植密度、合理轮作、铲除菜地周围的杂草，冬季深翻等农业措施，创造不利于瘤缘蝽栖息的环境条件，减少危害。

2. 物理防治　进行人工捕捉，捏死高龄若虫或抹除低龄若虫及卵块。利用假死习性，在寄主植株莞下放 1 块塑料薄膜或盛水的脸盆，摇动寄主，成、若虫会迅速落下，然后集中杀死。

3. 化学防治　于 6 月中旬、7 月中旬，在瘤缘蝽若虫孵化盛期，选择喷洒下列药剂：4.5%高效氯氰菊酯乳油 1 000 倍液，10%吡虫啉可湿性粉剂 1 000 倍液，80%氟虫腈（锐劲特）水分散粒剂 9 000 倍液，5%丁烯氟虫腈乳油 1 000 倍液，48%毒死蜱乳油 1 000 倍液，40%丙溴磷乳油 1 500 倍液，5%氟虫脲（卡死克）乳油 2 000 倍液，1.8%阿维菌素乳油 3 000 倍液等。由于每次喷药后都有残虫，应连续多次喷药，每间隔 7 天用药 1 次，连续防治 3 ~ 4 次。注意在清晨或傍晚用药，喷药时靠近地边杂草及灌木也要喷到。

（五）小 珀 蝽

【学 名】　*Plautia crossota* （Dallas）。

【分 类】　昆虫纲，半翅目，椿科。

【危害特点】　以成虫或若虫刺吸果实汁液，在果实表面形成凸起的受害斑（图 3-29）。

图 3-29　果实受害状

【形态特征】

1. 卵　　长 0.94 ~ 0.98 毫米，宽 0.72 ~ 0.75 毫米。圆筒形，初产时灰黄，渐变为暗灰黄色。假卵盖周缘具精孔突 32 枚，卵壳光滑，网状（图 3-30）。

图 3-30　卵及初孵若虫

2. 若虫　　若虫虫体较小，似成虫（图 3-31）。

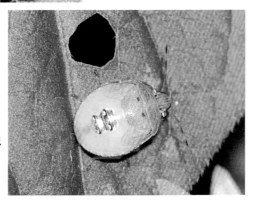

图 3-31　若 虫

3. 成虫　　体长 8 毫米，宽 5 ~ 6.5 毫米，长卵圆形。体色为墨绿或鲜绿色，具光泽。前胸背板光滑，不具明显的点刻，突起不明显，端部略呈红褐色。小盾片末端圆钝且较宽，颜色较淡。前翅革质部为褐色，边缘处为绿色（图 3-32）。

图 3-32　成 虫

【发生规律】　长江流域1年3代。以成虫在枯枝落叶或草丛中越冬，翌年4月上中旬开始活动，4月下旬至6月上旬产卵。第1代于5月上旬至6月中旬孵化，第2代7月上旬末孵化，第3代9月初至10月上旬孵化，10月下旬陆续蛰伏越冬。卵期5～9天，2代成虫寿命35～56天，第3代成虫寿命达9个多月。卵呈块状多产在叶背，卵粒紧凑排列。成虫趋光性强。

【防治方法】

1. 农业防治　在成虫越冬前和出蛰期在墙面上爬行停留时，进行人工捕杀。成虫产卵期，查找卵块摘除。

2. 药剂防治　选用25%阿克泰乳油2 500倍液，3%啶虫脒乳油1 000～1 500倍液，2.5%溴氰菊酯乳油稀释3 000倍液，20%氰戊菊酯乳油3 000倍液，10%吡虫啉可湿性粉剂4 000倍液，4.5%高效氯氰菊酯乳油2 000倍液等药剂喷雾防治。

二、鳞翅目

（一）大造桥虫

【别　名】尺蠖、步曲。

【学　名】*Ascotis selenaria* (Sehiffermüller et Denis)。

【分　类】昆虫纲，鳞翅目，尺蛾科。

【危害特点】　大造桥虫以幼虫啃食植株芽叶及嫩茎。低龄幼虫先从植株中下部开始，取食嫩叶叶肉，留下表皮，形成透明点。三龄幼虫多吃叶肉，沿叶脉或叶缘咬成孔洞缺刻。四龄后进入暴食期，转移到植株中上部叶片，食害全叶，枝叶破烂不堪，甚至被吃成光秆。

【形态特征】

1. 卵　卵长椭圆形，长约1.7毫米，初产时青绿色，孵化前灰白色。

2. 幼虫　体长 38～50 毫米，黄绿色。头黄褐至褐绿色，头顶两侧各具 1 黑点。背线宽淡青至青绿色，亚背线灰绿至黑色。气门上线深绿色，气门线黄色杂有细黑纵线，气门下线至腹部末端，淡黄绿色，第 3、4 腹节上具黑褐色斑，气门黑色，围气门片淡黄色。胸足褐色，腹足 2 对生于第 6、10 腹节，黄绿色，端部黑色（图 3-33、图 3-34、图 3-35）。

图 3-33　低龄幼虫危害叶片

图 3-34　中龄幼虫（体长 25 毫米）

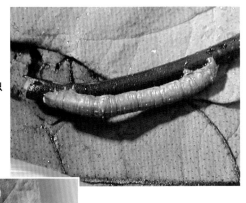

图 3-35　老龄幼虫（体长 50 毫米）

3. 蛹 长 14 毫米左右，初期绿色，之后变为深褐色，有光泽，尾端尖，臀棘 2 根（图3-36、图 3-37）。

图 3-36 化蛹初期状态

图 3-37 蛹

4. 成虫 体长 15～20 毫米，翅展 38～45 毫米，体色变异很大，有黄白、淡黄、淡褐、浅灰褐色，一般为浅灰褐色。翅上的横线和斑纹均为暗褐色，中室端具 1 斑纹，前翅亚基线和外横线锯齿状，其间为灰黄色，有的个体可见中横线及亚缘线。前翅外缘线由半月形点列组成，亚缘线、外横线、内横线为黑褐色波纹状，中横线较模糊。后翅颜色、斑纹与前翅相同，并有条纹与前翅相对应连接。雌成虫触角丝状，雄虫羽状，淡黄色（图3-38）。

图 3-38 成 虫

113

【发生规律】 长江流域1年发生4～5代，以蛹于土中越冬。各代成虫盛发期：6月上中旬，7月上中旬，8月上中旬，9月中下旬，11月上中旬可出现少量第5代成虫。第2～4代卵期5～8天，幼虫期18～20天，蛹期8～10天，完成1代需32～42天。此虫为间歇暴发性害虫。以末代幼虫入土化蛹越冬。

成虫羽化后1～3天开始交配，交尾多在20时至翌日黎明进行。交配后第2天产卵，多产在地面、土缝及草秆上，大发生时茎叶上都可产，数十粒至百余粒成堆，每雌可产1000～2000粒，越冬代仅200余粒。卵平均孵化率为90.40%，卵期7天左右。卵多在清晨孵化，卵粒孵化整齐。

幼虫共5龄，初孵幼虫活动能力较强，爬行或缀丝随风飘移。低龄幼虫取食叶肉和叶缘，以五龄幼虫食量最大，约占总食量71%～82%。幼虫期18～20天，幼虫不活动时，停止于寄主植株上常作拟态，呈嫩枝状，行走时曲腹如拱桥。

成虫昼伏夜出，趋光性强。中午不活动，栖息在叶片背面。

【防治方法】

1. 农业防治 收获后及时将枯枝落叶收集干净，并清理出田外深埋或烧毁，消灭藏匿在其中的幼虫、卵块和蛹，以压低虫口基数。结合翻耕土壤亦能有效降低虫蛹数量。

2. 物理防治 利用成虫的趋光性，在羽化期安装黑光灯或频振式杀虫灯诱杀成虫。利用成虫的趋化性，在田间插杨树枝把诱蛾，或用柳树、刺槐、紫穗槐等枝条插在植株行间，每667米^{2}插10把，每天捉蛾。

3. 药剂防治 掌握大造桥虫幼虫盛发期，如果不很严重，一般不用单独进行药剂防治。发生严重时，控制在三龄前施药效果好，施药时重点喷植株中下部叶片背面。可供选择农药有：2.5%溴氰菊酯乳油2000倍液，50%辛·氰乳油1500～2000倍液，

20%甲·氰菊酯乳油1 500倍液，40%菊·马乳油2 000倍液，10%氯氰菊酯乳油2 000倍液，20%氰戊菊酯乳油2 000倍液，1.8%阿维菌素乳油2 000倍液，25%除虫脲可湿性粉剂1 000倍液，16 000单位Bt可湿性粉剂1 000倍液，100亿活芽孢／克苏云金杆菌可湿性粉剂500～1 000倍液等。

（二）淡缘蝠蛾

【别 名】 大蝙蝠蛾。

【学 名】 *Endoclita excrescens* (Butler)。

【分 类】 昆虫纲，鳞翅目，蝠蛾科。

【危害特点】 幼虫钻入茎内蛀食，在危害处形成瘤状物（图3-39、图3-40）。

图3-39 茎部受害状

图3-40 幼虫被取出后留下的伤口

【形态特征】

1. 卵 球形，黑色，直径0.6毫米，表面光滑，微具光泽（图3-41）。

图 3-41 卵

2. 幼虫 褐色，胸、腹部污白色，圆筒形，体具黄褐色瘤突，老熟幼虫体长 50 毫米。幼虫粗壮，腹足 5 对，趾钩环式，刚毛着生在毛瘤上（图3-42、图 3-43、图 3-44）。

图 3-42 中龄幼虫（体长 25 毫米）

图 3-43 老龄幼虫（体长 40 毫米）

图 3-44 从茎中取出的幼虫

3. 蛹　圆筒形，头顶有角状瘤。

4. 成虫　翅展35～45毫米，体长18毫米，雌虫虫体稍长些。体色褐黄，体表有长毛，前翅前缘褐色。触角短线状。后翅狭小，腹部长大（图3-45、图3-46）。

图3-45　成虫（雄）

图3-46　成虫（雌）

【发生规律】　国内少见，北方1年1代，少数2年1代。以卵在地面越冬，或以幼虫在植物基部越冬。翌春5月中旬开始孵化。6月上旬转向茎中食害。8月上旬开始化蛹，9月下旬化蛹终了。8月下旬羽化为成虫。羽化盛期为9月中旬，终见于10月中旬。

成虫飞行很快，但无一定方向。羽化后就交尾产卵，以卵越冬，产卵无定所，多数随着两翅的颤抖，将卵粒一一产下，有的边交尾边产卵，多数不交尾就产卵。

【防治方法】　一般不单独用药防治，可在田间巡视，检查茎蛀孔，发现后用镊子将幼虫取出。

（三）豆秆野螟

【学 名】 *Ostrinia scapulalis* (Walker)。

【分 类】 昆虫纲，鳞翅目，螟蛾科。

【危害特点】 以幼虫危害。初龄幼虫蛀食嫩叶。三龄后幼虫从茎表面钻入茎，而后在茎内蛀食（图3-47、图3-48）。受害植株营养及水分输导受阻，长势衰弱，叶片萎蔫，茎易倒折（图3-49、图3-50）。

图3-47 茎表面的蛀孔

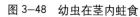

图3-48 幼虫在茎内蛀食

图3-49 受害部位以上叶片萎蔫

图 3-50　茎弯折

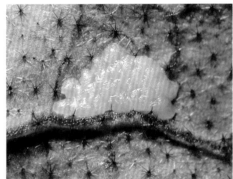

【形态特征】

1. 卵　椭圆形，黄白色。一般 20 ～ 60 粒粘在一起排列成不规则的鱼鳞状卵块（图 3-51）。

图 3-51　卵　块

2. 幼虫　共 5 龄，老熟幼虫体长 20 ～ 30 毫米。体背淡褐色，中央有 1 条明显的背线，腹部 1 ～ 8 节背面各有两列横排的毛瘤，前 4 个较大（图 3-52、图 3-53、图 3-54）。

图3-52　幼虫（1龄，体长1毫米）

图3-53 幼虫(2龄,体长2毫米)

图3-54 幼虫(5龄,体长20毫米)

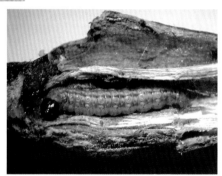

3.蛹 纺锤形,红褐色,长15～18毫米,腹部末端有5～8根刺钩(图3-55)。

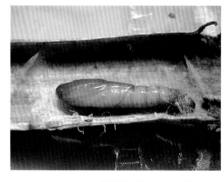

图3-55 蛹

4.成虫 翅展25～35毫米,黄褐色,雌蛾体粗壮,前翅鲜黄,翅基2/3处具棕色条纹及1褐色波纹状线,外侧具黄色锯齿状线,向外具黄色锯齿状斑,再外有黄褐色斑。雄蛾瘦削,翅色较雌蛾略深,头、胸、前翅黄褐色,胸部背面浅黄褐色。前翅内横线暗褐色,波纹状,内侧黄褐色,基部褐色,外横线暗褐色,锯齿状，外侧黄褐色，再往外具褐色带与外缘平行，内、外横线间褐色，后翅浅褐色。孢器腹部具刺区比前边的基部无刺区较短，通常有 3 个刺，有时具 2 个大刺或 4 个刺包含 1 个小刺。雄蛾中足胫节膨大，有与胫节等长的毛撮及沟槽（图 3-56）。

图 3-56　成　虫

【发生规律】　通常 1 年 2 代，以老熟幼虫在茎秆或留在土壤中的根茬内越冬。翌年 5 月中旬开始化蛹，6 月中旬为越冬代成虫羽化盛期，6 月中下旬为卵盛期，7 月上旬为幼虫盛期，7 月中下旬为蛹盛期。第 1 代成虫羽化盛期在 8 月上旬。10 月上旬幼虫老熟越冬。

【防治方法】

1．农业防治　稀疏种一些玉米，诱集产卵，然后及时灭卵。

2．药剂防治　掌握幼虫的孵化高峰期进行第一次喷药，幼虫孵化多在上午 8 ～ 10 时，以后根据虫情再喷药 2 次，在三龄前将幼虫消灭，选择喷洒下列药剂：2.5% 溴氰菊酯乳油 2 000 倍液，50% 辛硫磷乳油 1 500 倍液，5% 锐劲特悬浮剂 1 500 倍液，20% 敌·氰乳油 2 000 倍液，21% 杀灭毙乳油 3 000 倍液，10% 菊·马乳油 1 500 倍液，20% 杀灭菊酯乳油 2 000 倍液，20% 灭多威乳油 2 000 倍液。在虫口发生量大时，5 ～ 7 天用药 1 次，以后 10 ～ 15 天用药 1 次，即可达到很好的防治效果。以上药剂可进行交替使用。

（四）茄黄斑螟

【别　名】　茄螟、茄白翅野螟、茄子钻心虫。

【学　名】　*Leucinodes orbonalis* Guenee。

【分　类】　昆虫纲，鳞翅目，螟蛾科。

【危害特点】　在我国长江以南华中、华南和西南地区，该虫是茄子的主要害虫。以幼虫危害蕾、花并钻蛀嫩茎、嫩梢及果实，引起枝梢枯萎、落花、落果及果实腐烂，影响产量（图3-57、图3-58、图3-59）。夏季危害茄果虽较轻，但花蕾嫩梢受害严重，造成早期减产。秋季多蛀害茄果，受害后果实表面出现蛀孔，1个果实内可能有3～5头幼虫，果内虫粪堆积，在洞口处只有3～7粒粪便吊着，导致果实腐烂，严重影响食用和商品价值。

受害嫩茎萎蔫下垂，影响生长和分枝。花蕾被蛀食后不能开花结果而脱落。

图3-57　植株嫩梢受害状

图3-58　受害果实外观

图 3-59　果实内部的蛀洞

【形态特征】

1. 卵　外形呈花生壳状或水饺状，一端稍尖，另端稍钝。一般大小为 0.8～1.2 毫米×0.5～0.7 毫米。卵上有 2～5 根锯齿状刺，大小长短不一，有稀疏刻点。初产时乳白色，中期白色，后期亮晶白色，内有鲜红色条纹，孵化时呈灰褐色或灰黑色。

2. 幼虫　老熟幼虫体长 16～22 毫米。从整体看，幼虫为纺锤形。体色随龄期有变化，初孵幼虫呈灰褐色，二龄是肉黄色。三龄至老熟幼虫背线至气门线颜色逐渐变深为暗红色或棕红色，从气门下线至腹线则为肉黄色。幼虫头部棕色，从侧额缝至口器上方呈"八"字型。头及前胸背板黑褐色，背线褐色。各节均有 6 个黑褐色毛斑，呈两排，前排 4 个，后排 2 个，各节体侧有 1

个瘤突，上生 2 根刚毛。1～8 节各侧有 1 个气门，周围色深而中间较淡。腹末端黑色(图 3-60)。

图 3-60　幼　虫

3. 蛹　蛹长 8 ~ 11 毫米，浅棕色、棕色或浅黄褐色。腹第 3、4 节气孔上方有 1 突起，吻、触角、前翅伸至腹面第 9 节，且与腹部 6 ~ 9 节分离突出（图 3-61）。蛹外有灰褐色袋状茧壳包裹着，茧一般长宽为 14 ~ 20 毫米 ×6 ~ 8 毫米。茧坚韧，有内

外两层，初结茧时为白色，后逐渐加深为深褐色或棕红色。茧形不规则，多呈长椭圆形。

图 3-61　茧

4. 成虫　体长 6.5 ~ 10 毫米，翅展约 18 ~ 32 毫米，雌蛾稍大。栖息时翅伸展，腹部向上翘起，前足向前伸并弯曲交叉盖于下唇须之上，腹部两侧节间毛束直立。头、前胸白色，但夹有黑色鳞片。中、后胸及腹部第一节背面呈浅灰褐色，有些个体为黑色，其余各腹节背面呈灰白色或灰黄色。腹面及尾部白色。翅、足均白色。前翅具 4 个明显的黄色大斑纹，翅基部黄褐色，中室顶端下侧与后缘之间呈一个红色三角形纹，翅顶角下方有 1 个黑色眼形斑。后翅白色，中室具 1 大黑点，两侧有 1 小黑点，并有明显的暗褐色后横线，外缘有 2 或 3 个浅黄斑。雄蛾外生殖器在抱握器瓣内侧并生 1 对钩状刺，一长一短。阳茎中部着生两个刺，前小后大（图 3-62）。

图 3-62　成　虫

【发生规律】　在长江中下游年发生 4～5 代，以老熟幼虫结茧在残株枝上、土表缝隙、杂草根际、卷叶等处越冬。翌年 3 月越冬幼虫开始化蛹，5 月上旬至 6 月上旬越冬代羽化结束，5 月份开始出现幼虫危害，7～9 月份危害最重，尤以 8 月中下旬危害秋茄最烈。

成虫昼伏夜出，白天不活动，多躲在阴暗处，受惊后在植株行间作 1～2 米低空飞行，在夜间活动极为活泼，可高飞。成虫趋光性不强，具趋嫩性。成虫产卵有明显的趋蕾、趋嫩果和趋嫩性。每雌蛾产卵 80～200 粒，卵散产于茄株的上、中部嫩叶背面、花蕾、嫩果、嫩叶柄上。

卵初产时乳白色，历期短，最短 3 天孵化，但孵化率较低。孵化时幼虫将卵壳侧面咬 1 孔爬出，留下白色卵壳。

初孵幼虫 1 小时以后就蛀孔，多在卵壳底部直接蛀比针尖稍大的圆孔，进入花蕾、花蕊、子房、心叶、嫩梢、嫩叶及果实柄表皮，这正是防治的关键时刻。之后，逐渐向茎髓部位蛀食成隧道状，一般长度为 20～40 毫米，最长可达 56 毫米，造成落花、落果。嫩梢被蛀害后上部枯死，幼虫老熟后爬出蛀害茄果外，在枝杈、卷叶、果柄附近或茄株的上中部中叶边缘吐丝缀合薄茧，悬挂在叶片缝隙中化蛹。秋季多在枯枝落叶、杂草、土缝内化蛹。

茄黄斑螟属喜温性害虫，对温度适应范围较广，17℃～35℃都能生长发育，发生危害的最适宜气候条件为 20℃～28℃，相对湿度 80%～90%，浙江及长江流域发生危害盛期 7～9 月份。如果冬季较温暖，对茄黄斑螟越冬有利，越冬存活虫率较高，加之高温多湿季节，适宜茄黄斑螟的发生，该虫的发生率就会提高。

食料对黄斑螟的发生也有影响，该虫主要寄主有茄子、龙葵、马铃薯、豆类等作物，如果这类作物种植面积大，早、中、晚熟品种混栽明显，不同海拔地区播种和结果期差异大，则食料丰富，有利其发生。 同一田块植株生长不整齐，荫蔽，湿度高，则虫害较重。

天敌减少也会加重茄黄斑螟发生，其天敌有绒茧蜂、甲腹茧蜂和鸟类等，寄生蜂对茄黄斑螟幼虫和蛹的寄生率达50%以上，但不合理用药常造成过多杀伤天敌，结果导致茄黄斑螟发生。

【防治方法】

1．农业防治　加强田间管理，及时清除田间落花，修剪被害植株嫩梢，及时摘除被蛀果实，并带出田外集中深埋或烧毁处理。茄子收获后，要清洁菜园，及时处理残株败叶，以减少虫源。

2．物理防治　诱杀成虫，在茄子、豆类蔬菜面积较大地区，于5～10月份架设黑光灯、频振式杀虫灯等诱杀成虫。

3．药剂防治　选择在当地有代表性的类型田，定期抽样调查茄黄斑螟消长动态，掌握在卵孵化盛期及时喷药，可选用下列药剂喷雾防治：5%锐劲特悬浮剂2 500倍液，48%乐斯本乳油1 000倍液，20%杀灭菊酯乳油2 000倍液，21%增效氰·马乳油3 000倍液，10%菊·马乳油1 500倍液，50%敌敌畏乳油1 000倍液。交替轮换使用，严格掌握农药安全间隔期，喷药时一定要均匀喷到植株的花蕾、子房、叶背、叶面和茎上，喷药液量以湿润有滴液为好。

（五）鞘翅目

1．茄二十八星瓢虫

【别　名】　酸浆瓢虫，俗称"茄鳖子"。马铃薯瓢虫和茄二十八星瓢虫统称为二十八星瓢虫，注意不要混淆。

【学　名】　*Epilachna vigintioctopunctata* (Fabricius)。

【分　类】　昆虫纲，鞘翅目，瓢虫科。

【危害特点】　茄二十八星瓢虫主要危害茄子、番茄、马铃薯、辣椒、瓜类等蔬菜，其中茄子受害最重。主要食叶，也危害嫩茎、花瓣、萼片和果实。

1. 叶片 茄二十八星瓢虫主要以成虫和幼虫危害茄子叶片，在叶背面啃食下表皮和叶肉。初孵幼虫在叶面或叶背啃食叶肉，稍大后，幼虫逐渐分散危害。害虫在叶面形成许多平行的半透明的细凹纹，后期变为不规则的透明斑，受害部仅残留一层上表皮，这是该虫的危害特征（图3-63、图3-64）。受害部连片后，叶片枯死变灰白色，逐渐变褐干枯（图3-65）。受害部的薄薄的表皮很容易破碎，导致叶片穿孔。危害严重时叶片只剩粗大的叶脉，后期残叶变褐干枯（图3-66）。

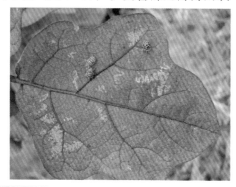

图3-63 成虫在叶面啃食

图3-64 啃食形成的独特半透明凹纹

图3-65 严重受害叶变褐干枯

图 3-66　仅余大叶脉的被害叶干枯

2．植株　植株主要光合功能叶片被害，光合面积减少，影响生长发育，尤其是生长点附近嫩叶被害，对生长影响极大（图 3-67、图 3-68）。

图 3-67　植株顶部叶片受害

图 3-68　植株大部分叶片受害

3．果实　成虫和幼虫会像危害叶片一样在果实表面啃食，形成平行排列的凹槽，后期被害部位木栓化，果实表皮呈疮痂状，果皮变硬，果肉变苦，不堪食用，当果实膨大后，易出现龟裂（图3-69、图3-70）。

图3-69 果面形成凹槽受害植株

图3-70 果实开裂

【形态特征】

1. 卵 集中产于叶背，卵块中卵粒排列紧密且整齐。卵子弹形，直立，长约1.2毫米，初产时白色，1、2天后变为鲜黄色，后变黄褐色（图3-71）。

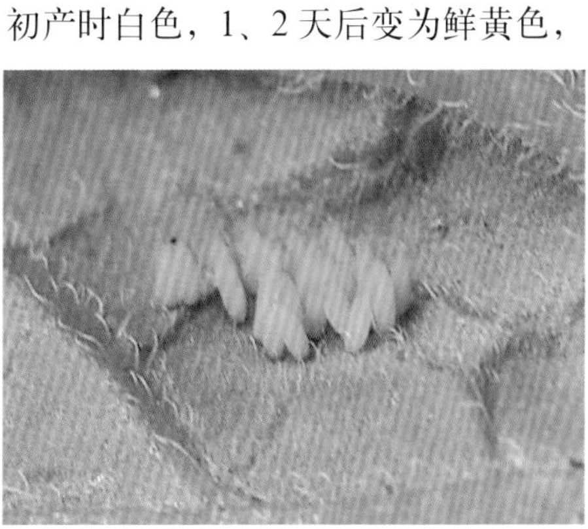

图3-71 卵

2. 幼虫 初龄幼虫淡黄色，后变白，老熟后体长 7 毫米，黄色。纺锤形，背面隆起，体背各节生有整齐的白色枝刺，枝刺基部环纹黑褐色（图 3-72）。

图 3-72 老龄幼虫（长 7 毫米）

3. 蛹 蛹期 7～10 天。蛹长 6 毫米，椭圆形，淡黄色或黄白色，尾端包被着幼虫末次蜕的皮壳（图 3-73）。之后变为黄白色，背面有稀疏细毛及黑色斑纹，但颜色较浅（图 3-74）。

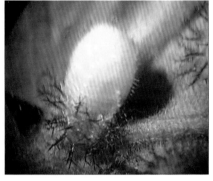

图 3-73 化蛹初期状态

图 3-74 蛹（长 6 毫米）

4. 成虫 体型与马铃薯瓢虫相似，但略小，体长约6毫米。半球形，赤褐色，体背密生黄色细短毛，并有白色反光。体白色发暗无光泽。前胸背板正中有1条横行双菱形黑斑，该斑后方有1个黑点，两侧各有2个较大的黑斑，鞘翅基部第2列的4个黑斑在一条直线上，两翅合缝处无黑斑相连。另外每鞘翅都有14个大小不一的黑斑（图3-75、图3-76）。

图3-75 成 虫

图3-76 成虫交尾

【发生规律】

1. 生活史 华北地区1年发生1～2代。以成虫在背风向阳的山洞、石缝、树洞、树皮缝及山坡的石块下、土穴内、杂草间越冬，但越冬群集现象不明显。翌年5月中下旬开始活动，先在越冬场所附近的杂草、小树上栖息，经5～6天，恢复飞翔能力后，再迁移到马铃薯、茄子、番茄、辣椒及野生的茄科杂草上取食危害。幼虫共4龄，幼虫期16～26天。6月下旬至7月上旬为第1代幼虫危害高峰。8月中旬至9月上旬为第2代幼虫危害高峰。

蛹期4～9天。第1代成虫6月下旬至7月初出现，至9月上旬第2代成虫大部分都已羽化，危害一段时间后，在9月中、下旬，开始寻找各种缝隙，潜伏越冬。

2. 生活习性　成虫畏光，常在叶背和其他隐蔽处活动，早晚静伏，白天取食、交尾、产卵。成虫具有假死性。上午10～16时，活动最盛，阴雨天，刮风天气很少飞翔。卵产于叶背面近叶脉处。每头雌虫可产卵近400粒。卵期随温度不同而异，5～11天不等。集中排列，每卵块约15～40粒，竖立排列。卵约经6、7天孵化为幼虫。幼虫4龄，初孵幼虫为乳白色，群集卵壳周围啃食，二龄后分散危害，三龄食量渐增，四龄后食量最大。幼虫老熟后，将在叶背蜕皮，腹末黏附其上化蛹。第1代成虫又可产卵在各寄主叶背，所以此期的虫口显著增多，危害严重。成、若虫均有残食同种卵、蛹的习性。

3. 发生条件　茄二十八星瓢虫成虫的生育适温为25℃～28℃，相对湿度为80%～85%，当气温下降到18℃时即进入越冬状态。

【防治方法】

1. 农业防治　收获后及时清洁园田，集中残株，深埋或烧毁残株，消灭卵和幼虫。耕地，消灭卵、幼虫和藏于缝隙中的成虫。

2. 物理防治　根据危害症状发现幼虫和成虫，将其人工消灭。利用成虫具有假死性，用器皿承接并拍打植株使之坠落收集消灭，中午时间效果较好。根据产卵集中，卵块颜色鲜艳，容易发现的特点，结合农事活动，人工摘除卵块。

3. 药剂防治　在越冬代成虫迁移时，或在第1代幼虫孵化期，或幼虫分散前施药是防治的有利时机，即在幼虫孵化盛期或低龄幼虫危害期用药。防治成虫要在清晨露水未干时喷药，选用以下药剂：80%敌敌畏乳油1 000倍液，90%晶体敌百虫1 000倍液，

50%马拉硫磷乳油1 000倍液，2.5%溴氰菊酯乳油3 000倍液，20%氰戊菊酯乳油3 000倍液，40%菊·杀乳油3 000倍液，40%菊·马乳油3 000倍液，21%灭杀毙乳油6 000倍液，25%亚胺硫磷800倍液，2.5%氯氟氰菊酯乳油4 000倍液，4.5%高效氯氰菊酯乳油2 000倍液，10%联苯菊酯乳油1500倍液，2.5%三氟氯氰菊酯乳油3 000倍液，20%杀灭菊酯乳油2 000倍液，48%毒死蜱乳油1 000倍液。进行全面周到喷雾，特别要注意喷到叶背面。

（六）茄子跳甲

【别　名】　茄子叶甲、茄跳甲，俗称"黑牛牛"。

【学　名】　*Epitrix fuscula* Crotch。

【分　类】　昆虫纲，鞘翅目，叶甲科，跳甲亚科。

【危害特点】　该虫在苗期危害严重，成株期也会危害，以成虫咬食叶片，在叶片上造成密集的大量孔洞（图3-77、图3-78）。

图3-77　成虫咬食叶片

图3-78　受害叶片

133

【形态特征】

1. 卵　卵长椭圆形，长 0.6 毫米，宽约 0.3 毫来，表面光滑。初产时为黄色，孵化前变为灰白色。

2. 幼虫　初孵时为灰白色，或透明，以后逐渐变为白色。体呈圆筒形。头部黑褐色，前胸盾和臀板明显，淡褪色，胸足明显为灰黑色，各节上散布稀疏细毛。

3. 蛹　长约 3.2 毫米，卵圆形，乳白色，头顶部生有明显的刚毛，腹部各节两侧着生有稀疏短毛。

4. 成虫　体长 2～3 毫米，体宽约 1.5 毫米，体呈长椭圆形，深蓝绿色，具有金属光泽。头部具较稀的刻点。触角基部 3 节为淡黄褐色，端部数节暗褐色，表面有细毛。前胸背板呈梯形，宽大于长，后缘弧形其上密布较粗刻点。鞘翅较前胸背板宽，刻点行间距离窄而突起（图 3-79、图 3-80）。

图 3-79　成虫（俯视）

图 3-80　成虫（侧视）

【发生规律】　1年发生2代，以老熟幼虫在土壤中越冬。翌年4月中旬化蛹、4月下旬开始羽化、5月上旬至6月下旬为羽化盛期。此时田间成虫第1次大发生，造成严重危害。成虫产卵前期为20多天，产卵始于5月中旬，6月中旬至下旬为产卵盛期。于6月下旬开始孵化，6月下旬至7月初为孵化盛期，造成较大的危害。7月中旬老熟幼虫化蛹，下旬第1代成虫陆续羽化。8月份成虫第2次大发生，8月中下旬第1代卵孵化，9月下旬至10月上旬以第2代老熟幼虫在茄根附近土中越冬。此虫由于成虫寿命长，产卵期长，故在同一时期内，各虫态出现重叠现象。

成虫昼夜均会羽化，羽化初期为白色，1天后变为深蓝绿色。雄虫较雌虫羽化为早，雌雄性比大约1:1，一般雌虫略多于雄虫。成虫寿命一般为80天左右，个别长达100余天。成虫善跳但又不轻易转移危害，当受惊时或叶片无法再取食时，才跳往别株。成虫多集中于心叶处取食（生长后期）。成虫有多次交配习性，交配1次需0.5小时左右，每次产卵少则3～5粒，多则20粒左右，一生可产卵50～60粒，多者达100余粒，产卵期可达1个多月。卵产于土表或土壤缝隙间，散产或堆产。卵的孵化率很高，可达97%。孵化前卵由黄变为灰白，卵的1/3处变得透明。初孵幼虫行动敏捷，从地下部蛀入茄株，啃食茎和根的皮层，将皮层食成弯曲隧道，隧道内充满着粪便，故幼虫蜕皮不易观察，致使龄期不明。由于幼虫啃食茄根，在幼虫大发生时不少被害茄株枯萎以至于死亡，对茄果产量影响极大。待幼虫老熟后，便从茄根内爬出入土，在20厘米深的茄根附近土中作土室化蛹。

【防治方法】

1.农业防治　有条件田块可与水稻实行轮作，降低发生基数。晚秋茄子果实收获后，及时拔除茄秆，最迟在9月底前拔除并烧毁，同时翻耕土地，可消灭部分越冬幼虫，减少越冬基数。

3．生物防治　保护和饲养天敌。在使用农药防治成虫时，不要普遍喷药，隔行喷药，可保护天敌——狩蝽。狩蝽能在室内饲养，食性广，饲料易解决，通过饲养繁殖，释放于田间，以补充田间天敌数量。

2．防治药剂　最佳防治时间宜掌握在 6 月上中旬成虫盛发期。成虫失治或幼虫数量较高，对植株长势有影响的田块，可采用药剂浇根。防治成虫的药剂有：40% 毒死蜱乳油 1 000 倍液，5% 氟虫腈乳油 2 000 倍液，20% 氯虫苯甲酰胺乳油 4 000 倍液，2.5% 溴氰菊酯乳油 2 500 倍液。用菊酯类（高氯）及有机磷类（敌敌畏）来防治，速效性比较好但持效期比较短，一般在 2 ～ 3 天，防效不理想。跳甲由于擅长跳动，所以防治起来比较困难。建议采用药剂配方：菊酯类＋啶虫脒，哒螨灵＋啶虫脒，丙溴磷＋啶虫脒。上午 8 ～ 9 时喷药效果好。应从外围向内螺旋式集中打药。

幼虫防治可采用 40% 毒死蜱乳油 1 000 倍液或 50% 辛硫磷乳油 1 000 倍液浇根。

四、双翅目

（一）美洲斑潜蝇

【学　名】　*Liriomyza sativae* Blanchard。

【分　类】　昆虫纲，双翅目，潜蝇科，斑潜蝇属。

【危害特点】　此虫为世界上最为严重和危险的多食性斑潜蝇。以幼虫在叶片的上下表皮之间蛀食叶肉，形成先细后宽的蛇形弯曲或蛇形盘绕虫道（图 3-81）。隧道相互交叉，逐渐连成一片，导致叶片光合能力锐减，过早脱落或枯死（图 3-82）。虫道内有交替排列的、整齐的黑色虫粪，老虫道后期呈棕色的干斑块区，一般 1 虫 1 道，1 头老熟幼虫 1 天可潜食 3 厘米左右（图 3-83）。成虫在叶片正面取食和产卵，开始时会吸食叶片汁液，刺伤叶片细胞，形成针尖大小的近圆形刻点状凹陷，在其中产卵，刻点初期呈浅绿色，后变白，肉眼可见（图3-84）。

图 3-81 幼虫蛀食形成的隧道

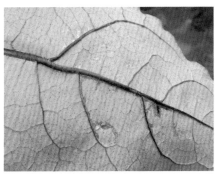

图 3-82 隧道连片

图 3-83 目视可见隧道内幼虫及粪便

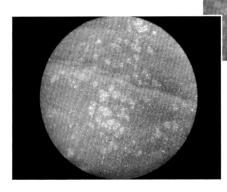

图 3-84 叶面的刻点

137

【形态特征】

1. 卵　　乳白色至米黄色，半透明，椭圆形，0.2 ～ 0.3 毫米

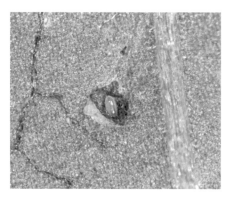

×0.1 ～ 0.15 毫米，常被产于叶表皮的下面，在田间不易被发现（图 3-85）。含卵产卵痕为长椭圆形，卵历期为 2 ～ 4 天。

图 3-85　卵

2. 幼虫　　有 3 个龄期，历期为 3 ～ 7 天。初孵一龄幼虫较透明，后变为乳白色、淡橙黄，体长 0.32 ～ 0.6 毫米（图 3-86）；二龄幼虫橙黄色，体长 1 ～ 1.52 毫米；三龄幼虫为鲜黄色或浅橙黄色，蛆状，虫体两侧紧缩，长 1.68 ～ 3 毫米，粗 1.0 ～ 1.5 毫米，老熟幼虫长 3 ～ 4 毫米，其腹末圆锥形气门顶部有 3 个小球状突起，为后气门孔。

图 3-86　幼虫（一龄，1 毫米）

3. 蛹　　略呈椭圆形，初呈浅橙黄色至金黄色，后渐变为暗褐色，腹面稍扁平，1.3 ～ 2.3 毫米 ×0.5 ～ 0.75 毫米（图 3-87、图 3-88）。幼虫化蛹后，经过数天，成虫突破蛹壳羽化飞出，蛹历期为 7 天左右。

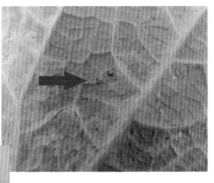

图 3-87　隧道外的蛹

图 3-88　蛹（放大）

4. 成虫　体形很小, 雌虫稍大于雄虫。雌成虫体长 1.5～2.13 毫米, 翅长 1.18～1.68 毫米; 雄成虫体长 1.38～1.88 毫米, 翅长 1.00～1.63 毫米。成虫头部黄色, 复眼赤褐色, 眼后眶黑色; 外顶鬃着生处黑色, 内顶鬃位于黄色和黑色区域边缘; 触角第 3 节橙黄色。中胸背板黑色光亮, 中毛 4 列, 中胸侧板大部黄色, 仅靠近下方和前缘有不规则暗褐色斑; 胸腹面黄色具黑褐色斑; 足基节、腿节黄色, 胫节、跗节及爪淡黑褐色。腹部各腹节背板大部黑褐色, 节间膜及边缘淡黄色; 腹部腹面黄色, 近端部 2～3 节中部淡黑褐色（图 3-89、图 3-90）。成虫寿命在 15 天。

图 3-89　成虫（俯视）

图 3-90　成虫（侧视）

【发生规律】

1. 生活史　美洲斑潜蝇 1993 年在我国海南省始见，南方 1 年可发生 14 ～ 17 代。发生期为 4 ～ 11 月份，发生盛期有两个，即 5 月中旬至 6 月和 9 月至 10 月中旬。世代周期随温度变化而变化，15℃时约 54 天，20℃时约 16 天，30℃时约 12 天。

2. 生活习性　初孵幼虫即可在叶片组织内取食，主要取食栅栏组织，逐渐形成不规则、弯曲的线状取食道，隧道端部略膨大。黑色条状虫屎交替地排在取食道的两侧。幼虫昼夜均能取食，其取食道的长度与宽度随虫龄增长而增大，取食道的宽度一致并逐渐加宽。

老熟幼虫钻出叶片前，于取食道末端咬破隧道的上表皮，形成 1 个半圆形的出叶缝，然后借虫体蠕动爬出道外，随风落地，寻找适宜场所蜕皮化蛹，也有极少数幼虫因落地时遇到障碍物或其他原因而在叶片上化蛹，蜕下的皮包围在蛹的外面而成围蛹。

羽化后的成虫，当天即行交尾、取食活动。雌成虫羽化后第 2 天便可产卵，其产卵管刺破叶面表皮形成刻点，吸取食用刻点流出的汁液，交配后雌成虫当天可产卵于叶肉中。刻点容易用肉眼观察到，一般呈白点状。雄虫不能形成刻点，但可利用雌虫形成的刻点来取食。成虫一般于白天 8 ～ 14 时活动，中午活跃。

成虫取食、雌成虫产卵均在白天进行。成虫具有趋光、趋绿和趋化性，对黄色趋性很强。有一定飞翔能力。

3.发生条件　成虫产卵前期历2～3天。在食料较充足的情况下，温度增高产卵前期历期缩短。在平均气温21.4℃历期为3.5天，26.1℃为1.42天，29.9℃为1.12天，30.9℃为1.08天，32.3℃为1.04天。恒温时，卵、幼虫、蛹历期与温度成反比，32℃高温有一定抑制作用。

【防治方法】

1.农业防治　调整种植模式，合理布局，加强肥水管理。建立不利于美洲斑潜蝇发生的种植模式，从根本上减轻害虫危害。综合考虑当地的气候和土壤条件、种植效益，避免大面积种植单一感虫作物。在生产上，种植者常根据种植习惯或蔬菜价格进行连作，豆类或瓜类连作的田块往往严重发生斑潜蝇危害，茄子与瓜类与豆类轮作或邻作的田块，斑潜蝇危害也很严重。因此，要实行感虫作物与非寄主作物或不感虫作物轮作或间作。

早春和秋季蔬菜种植前，彻底清除菜田内外杂草、残株、败叶，并集中烧毁，减少虫源。种植前深翻菜地，活埋地面上的蛹，将有蛹表层土壤深翻到20厘米以下，以降低蛹的羽化率。发生盛期，可通过中耕松土灭蝇。

实行深沟高畦。在蛹发生高峰期，根据植物耐受能力，灌水或增加浇水以提高土壤含水量，创造不利于害虫生存的环境，抑制其种群增长。使用配合肥料，避免偏施氮肥。

在发生高峰时，及时清洁田园，摘除带虫叶片集中深埋、沤肥或烧毁。

2.物理防治　黄板诱杀成虫利用美洲斑潜蝇趋黄习性，在田间放置黄板进行诱杀成虫。可采用以下几种黄板：黄色纸板粘贴粘蝇纸，黄色板粘涂不干胶，市售专用粘蝇纸。比如，在成虫盛期，每 667 米² 均匀悬挂 15 块黄板诱杀成虫，3～4 天更换或清理 1 次，效果较好。也可利用其趋光性，使用杀虫灯诱杀。

3. 生物防治 摘除幼虫严重寄生的叶片，置于 40 目尼龙纱网制成的寄生蜂增殖袋，置于田边。这样做既保护了美洲斑潜蝇的天敌——寄生蜂，又闷杀了部分害虫，减少虫口密度，增加下一代害虫的寄生率。利用寄生蜂防治，在不用药的情况下，寄生蜂天敌寄生率可达 50% 以上。姬小蜂、反颚茧蜂、潜蝇茧蜂对斑潜蝇寄生率较高。

4. 药剂防治 在每片受害叶上出现幼虫 5 头时，掌握在幼虫二龄前即虫道很小时，选择喷洒 1.8% 阿维菌素乳油 2 500 倍液，40% 齐敌畏（绿菜保）乳油 1 000 倍液，48% 毒死蜱乳油 1 000 倍液，50% 蝇蛆净（主要成份：环丙氨嗪）粉剂 2 000 倍液，5% 抑太保乳油 2 000 倍液，5% 氟虫脲（卡死克）乳油 2 000 倍液，20% 丁硫克百威乳油 1 000 倍液等药剂。每 7 天喷 1 次，连喷 2～4 次。

（二）豌豆潜叶蝇

【别　名】 豌豆彩潜蝇、油菜潜叶蝇，俗称"夹叶虫"、"拱叶虫"、"叶蛆"和"串皮虫"等。

【学　名】 *Chromatomyia horticola*（Goureau）。

【分　类】 昆虫纲，双翅目，潜蝇科。

【概　况】 豌豆潜叶蝇几乎遍布全世界，在国内分布较广，目前除西藏、新疆、青海尚无报道外，其他各省（市、区）均有发生。豌豆潜叶蝇寄主较广泛，目前已记载的有 21 科 77 属 149 种，其中以豌豆、蚕豆、油菜、甘蓝、白菜和萝卜等豆科与十字花科植物受害较重，也危害茄科、葫芦科蔬菜。一般情况下，豌豆叶害率为 50%～60%，留种茼蒿株害率高达 100%，叶片受害率也有 90%。在长江流域也逐渐从次要害虫转变成主要害虫。近几年来，随着耕作制度的改革,蔬菜种植面积及蔬菜保护地面积不断扩大,为该虫提供了优越的越冬场所和充足的食料,该虫危害日趋严重,严重影响蔬菜品质及产量。

【危害特点】寄主较多,可危害豆科、十字花科、茄科、菊科、葫芦科等多科蔬菜。主要以幼虫潜入寄主叶片表皮下取食叶肉,可穿过中脉,造成较粗的不规则的灰白色线状的迂回曲折的隧道,叶片正反面均可见(图3–91、图3–92)。危害严重时,叶片上布满蛀道,尤以植株基部叶片受害最重。叶片上的幼虫量有几头至几十头不等。严重时,叶肉全被吃光,仅剩上下表皮。受害株提早落叶,果实质量和产量受到影响,甚至枯萎死亡。幼虫发育成熟后在叶片内化蛹,区别于其他多种斑潜蝇在叶外化蛹现象。成虫可用产卵器刺破叶表皮,吸食汁液,被刺吸处形成许多小型白色斑点。

图3–91　幼虫在叶背潜食

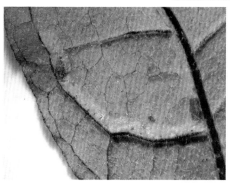

图3–92　幼虫在叶内化蛹

【形态特征】

1. 卵　椭圆形或长椭圆形，长约 0.3 毫米，乳白或灰白色，略透明。

2. 幼虫　蛆状，圆筒形，虫体细小，形似尖椒。体表光滑柔软，初孵幼虫乳白色，后转为黄白色至鲜黄色。老熟幼虫体长 2.9～3.5 毫米，体表光滑透明，前气门呈叉状，向前伸出，后气门在腹部末端背面，为 1 对明显的小突起，末端褐色（图 3-93）。

图 3-93　幼虫
（二龄, 长 2 毫米）

3. 蛹　长椭圆形，略扁，长 2.0～2.6 毫米，围蛹。初化蛹时，体表呈鲜黄色，1 日后逐渐变深呈黑褐色（图 3-94）。

图 3-94　蛹

4. 成虫　成虫为颜色接近灰黑色或暗灰色的小蝇子，虫体细小，长 2～3 毫米，翅展 5～7 毫米。头部黄色至黄褐色，短而宽。复眼椭圆形，红褐色。触角 3 节，短小，黑色。胸、腹部及足灰黑色，中胸、翅基、腿节末端、各腹节后缘黄色。胸部发达，翅 1 对，前翅透明，有近紫色的彩虹反光。后翅退化为平衡棒，黄色至橙黄色（图3-95、图3-96）。

图3-95 成虫（俯视）

图3-96 成虫（侧视）

【发生规律】

1. 生活史 该虫在我国各地区发生世代不尽相同，由北向南世代逐渐增加，在辽宁1年发生4～5代，华北1年5～6代，江西1年12～13代，福建1年13～15代，广东1年18代，世代重叠。淮河以北以蛹在被害叶中越冬，秦岭以南至长江流域主要以蛹越冬，少数幼虫、成虫也可越冬，华南地区周年发生。成虫寿命一般为7～20天。每头雌蝇产卵45～98粒，卵期8～11天。幼虫孵化后即可潜食叶肉，虫量大时短期内致使全叶受害。幼虫期5～14天，共3龄，老熟后在蛀道末端化蛹，伸出2个气门梗呼吸。蛹期5～16天。

2. 生活习性 成虫较活跃，取食、交配和产卵均在白天进行，受惊扰时会在寄主植株上爬行或在附近飞舞以躲避干扰，对甜味汁液趋性强。可在寄主叶面吸食汁液，形成许多分布不规则的小白点。飞行距离较短，一般在1米左右。成虫活动期间，多在寄主植物（少数非寄主植物）上吸食花蜜和水分，其寿命长短和繁殖力的强弱不仅与气候有关还与取得营养的质和量密不可分。羽化后即绝食的潜叶蝇便会丧失生殖能力。该虫多在8～10时交配，雌雄一生交配多次，每次短则5～10分钟，长则30分钟以上，受惊停止。雌虫交配后1～2小时乃至1天后产卵。产卵时，先用产卵器刺破叶背边缘表皮，然后插入组织，再经左右摇摆，将刺孔扩大到0.6～1毫米，产1粒卵于其中，1头雌虫在同一叶片上一般只产卵1～2粒，产卵部位常在嫩叶叶背边缘。据统计，自然状态下该虫每天能产9～20粒，整个成虫期可产45～98粒。被产卵器刺破的地方，表皮和叶肉全部枯死，呈现出灰白色小斑。

幼虫和蛹孵化后即在寄主组织内取食叶肉，取食方向由叶边缘向叶中央部分逐步推进。随着虫体的增大，隧道逐渐变大。蛀道中，幼虫每隔一定距离便产下1粒细小、黑色、近圆形的虫粪，点状分布其中。潜道形状与叶片大小与危害虫量有关，叶片大、虫量少者则潜道弯曲少，否则弯曲多。幼虫共3龄，老熟后即在蛀道末端化蛹，化蛹时咬破末端表皮，使蛹前气门与外界相通，便于成虫羽化。

天敌有寄生于幼虫的潜蝇姬小蜂，寄生于蛹的反颚茧蜂等。

3. 发生条件　豌豆潜叶蝇有较强的耐寒力，国内主要受害区限于温带及寒带地区（年平均温度7℃～9℃）。同时豌豆潜叶蝇的生长发育受温度影响较大，在15℃～26℃时，豌豆潜叶蝇发育速率与温度成显著正相关，但28℃以上其卵、幼虫和蛹的发育速率明显减缓。成虫耐低温但不耐高温，适宜生长温度为15℃～18℃。幼虫适宜温度为20℃左右，但在22℃下发育最快，夏季气温超过 35℃ 不能存活或以蛹越夏。一般各地从早春起，虫口数量渐增，一般于春末夏初及秋季形成两个危害高峰，以前者危害猖獗。

【防治方法】

1. 农业防治　收获后及时清园，铲除田边杂草，以压低下一代虫源基数。收获后及时进行田园清洁，妥善处理带有幼虫和蛹的叶片，减少虫口数量。

2. 生物防治　生物农药制剂防治，虽然生物制剂的药效稍缓于化学杀虫剂，但其持效期长于化学杀虫剂，且害虫不易产生抗药性，特别适用于对化学杀虫剂已产生抗性的害虫。用 0.3% 印楝素乳油 1 000 倍液防治潜叶蝇，药后 11 天的防效达 95.69%；用 1.8% 阿维菌素乳油 2 000 倍液防治，药后 11 天的防效达 88.09%；用 0.6% 银杏苦内酯水剂 1 000 倍液防治，药后 11 天的防效达 97.82%。

豌豆潜叶蝇喜冷怕热，春季发生早（3 月开始发生），在植株下部取食产卵，且田间蚂蚁、寄生蜂（蝇茧蜂等）和瓢虫等开始在植株下部活动捕食，对该虫有较强控制作用。目前，以寄生蜂的研究较为深入，如潜蝇茧蜂、潜蝇绿姬小蜂、普金姬小蜂、凹面姬小蜂、潜蝇姬小蜂、攀金姬小蜂、新姬小蜂对豌豆潜叶蝇有较强的跟随作用和控制效果，作者认为，一般菜农单独引入寄生蜂防治该虫可能有一定难度，但有条件的农业合作社或农业园区还是可以考虑引进或应用的。

3. 药剂防治　见叶片出现虫隧道时开始，选用下列药剂喷雾：90% 敌百虫晶体 1 000 倍液，2.5% 功夫乳油 2 000 倍液，20% 速灭杀丁乳油 2 500 倍液，40% 菊·马乳油 3 000 倍液，21% 灭杀毙乳油 6 000 倍液，40.7% 乐斯本乳油 1 000 倍液。连喷 2～3 次，隔 7～10 天 1 次。应不断轮换使用或更新农药以防害虫产生抗性。以早晨露水干后 8～11 时用药为宜，顺着植株从上往下喷，以防成虫逃跑，尤其要注意将药液喷到叶片正面。

也可利用成虫趋甜性诱杀成虫，用甘蔗或胡萝卜煮出液＋0.05%敌百虫作为诱杀剂，于成虫盛发期，每667米^{2}设点60个，每点喷10～20株，视天气情况3～5天喷1次，连喷5～6次。或用红糖：醋：水＝1:1:20煮沸调匀，加入敌百虫晶体1份配成诱杀剂。

五、同翅目

（一）温室白粉虱

【学 名】 *Trialeurodes vaporariorum* (Westwood)。

【分 类】 昆虫纲，同翅目，粉虱科。

【危害特点】 温室白粉虱是保护地栽培中的一种极为普遍的害虫，几乎可危害所有蔬菜。温室白粉虱积聚在茄子叶片上，以成虫和若虫通过刺吸，吸食汁液，导致叶片皱缩，光合作用降低，严重时干枯死亡，产量降低（图3-97）。同时作为传毒媒介会传播病毒病。温室白粉虱在叶片上分泌的蜜露，是许多霉菌的培养基。霉菌在叶片上生长，产生霉层，引起煤污病，影响光合作用（图3-98）。温室白粉虱刺吸叶片汁液时，分泌的唾液对植株有毒害作用，会削弱叶片生长并使之过早脱落。

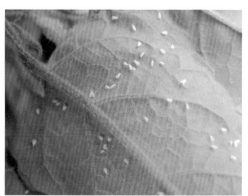

图3-97 成虫在叶背危害

图 3-98 引发煤污病

【形态特征】

1. 卵 初产时淡绿色，表面覆有蜡粉（图 3-99）。长约 0.2 毫米，侧面观为长椭圆形（图 3-100）。基部有卵柄，从叶背的气孔插入叶肉组织中。之后渐变成褐色，孵化前又会变为黑色。

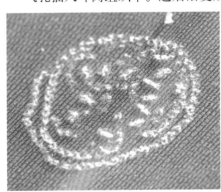

图 3-99 卵上附有蜡粉

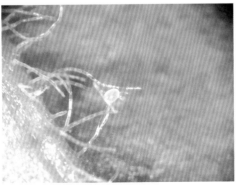

图 3-100 卵

2. 若虫　一龄若虫体长约 0.29 毫米，长椭圆形；二龄约 0.37 毫米（图 3-101）；三龄约 0.51 毫米，淡绿色或黄绿色，足和触角退化，紧贴在叶片上；四龄若虫又称伪蛹，体长 0.7～0.8 毫

米，椭圆形，初期体扁平，逐渐加厚呈蛋糕状（侧面观），中央略高，黄褐色，体背有长短不齐的蜡丝，体侧有刺（图 3-102）。

图 3-101　一龄（中）二龄（左）及四龄（右）若虫

图 3-102　伪　蛹

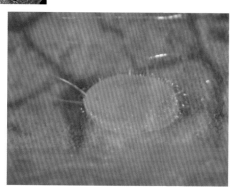

3. 成虫　体长 1.0～1.5 毫米，虫体淡黄色，翅白色，翅面覆盖白蜡粉，俗称"小白蛾子"。停息时双翅在体上合成屋脊

状，翅端半圆状遮住整个腹部，翅脉简单，沿翅外缘有一排小颗粒（图 3-103、3-104）。

图 3-103　羽　化

图3-104 成 虫

【发生规律】 在国内，温室白粉虱以各种虫态在温室中及室内多种寄主上过冬，无滞育或冬眠现象。在适合其生存发展的环境中，终年都可生长繁殖，不断地生长。1年可完成10～12个世代。比如，在北京的温室中，此虫1年可繁殖10代左右。不同的温度条件下，完成1个世代所需的时间差异较大。在不同的恒温条件下，其完成1代所需时间为21～30天，例如，25℃恒温条件下饲养温室白粉虱，完成1个世代需25天。通常，白粉虱从卵到成虫羽化发育历期，18℃时31天，24℃时24天，27℃时22天。各虫态发育历期，在24℃时卵期7天，一龄5天，二龄2天，三龄3天，伪蛹8天。任何虫态的温室白粉虱在露天地中都不能存活越冬。

温室白粉虱成虫羽化多集中在上午。27℃时，成虫从初羽化到第1次飞行历时约4.2小时。成虫求偶时，信息素起着重要作用，由于信息素的存在，雄虫可在较远的距离发现雌虫。求偶历程可分为两个阶段，即交配前期和交配期。未交配的雌虫产的未受精卵全部孵化为雌虫。成虫多在叶背产卵，极少在叶片的正面或茎上产卵。产的卵呈圆形分布和不规则分布。产卵时，成虫在卵柄部分分泌一种胶状物质，水分可以通过这种胶体物质从卵柄进入卵内。温室白粉虱繁殖力强，雌成虫在不同的温度下，产卵量差异很大。雌虫一生平均产卵 120 ~ 300 粒。18℃时，平均卵量为 319.5 粒，而 33℃时，平均卵量只有 5.5 粒，温度 9℃时，产卵量为 0。在同样的条件下，将雌成虫放在新鲜的嫩叶上时，其产卵量增大 5 倍。成虫的寿命 9 ~ 50 天。

温度和相对湿度对温室白粉虱的生长发育有很大的影响，其发育起点温度为 10℃，完成 1 个世代所需的有效积温为 418.5℃左右。各个世代各个虫态的发育速率与温度呈明显的正相关。

【防治方法】

1. 农业防治　选用抗虫品种，同时种植诱集带，消灭杂草寄主。清洁田园，收获后要清除残枝败叶，保持 3 ~ 4 周在田间不留任何可能是温室白粉虱寄主的栽培植物。

2. 物理防治　第一，覆盖防虫网。每年 5 ~ 10 月份，在温室、大棚的通风口覆盖防虫网，阻挡外界白粉虱进入温室，并用药剂杀灭温室内的白粉虱，纱网密度以 50 目为好，比家庭用的普通窗纱网眼要小。第二，黄板诱杀。可以用纸板、木板涂上黄色油漆或广告色，或用黄色吹塑纸、黄色塑料板制作，表面涂上机油，利用白粉虱对黄色的趋性，将其吸引过来并粘住。也可从市场直接购买粘虫板。常年悬挂在设施中，可以大大降低虫口密度，再辅助以药剂防治，效果更好。第三，频振式杀虫灯诱杀。这种装置以电或太阳能为能源，利用害虫较强的趋光、趋波等特性，将光的波长设定在特定范围内，利用光波以及性信息激素引诱成虫扑灯，灯外配以频振式高压电网触杀，使害虫落入灯下的接虫袋内，达到杀虫目的。

3. 生物防治　早在 1927 年就发现被寄生的温室白粉虱的蛹呈黑色，从被寄生的蛹上分离到一种寄生蜂——丽蚜小蜂。丽蚜小蜂是世界上 12 个生物防治显著成功的实例之一。现在凡有温室白粉虱发生的国家，都引进了丽蚜小蜂。我国于 1978 年由中国农业科学院生物防治研究所从英国引进此蜂，取得了良好的效果，室内放蜂最好的防治效果可达 87%。草蛉亦是温室中防治温室白粉虱的昆虫，1 头中华草蛉幼虫一生可捕食温室白粉虱若虫 172.6 头。在隔离条件下，草蛉和粉虱若虫比例大于 1:50 的情况下，可获得较好的控制效果。

4. 药剂防治　由于温室白粉虱虫口密度大，繁殖速度快，可在温室、露地间迁飞，药剂防治十分困难。国外学者以每片叶有 50 ~ 60 头成虫作为防治指标，中国学者认为，温室白粉虱的防治指标应根据寄主植物的不同发育阶段来制定。目前看来，药剂防治是防控白粉虱最直接最有效的手段，可选用的药剂有：2.5% 溴氰菊酯乳油 2 000 倍液，1.8% 阿维菌素乳油 2 000 倍液，10% 吡虫啉可湿性粉剂 4 000 倍液，25% 噻嗪酮（优乐得、扑虱灵、灭幼酮、布芬净、稻虱净、稻虱灵）可湿性粉剂 1 500 倍液，3% 啶虫脒（莫比朗、吡虫清）乳油 1 500 倍液，15% 哒螨灵乳油 2 500 倍液，20% 灭多威乳油 2 000 倍液，4.5% 高效氯氰菊酯乳油 3 000 倍液等药剂喷雾防治。在保护地内选用 1% 溴氰菊酯烟剂或 2.5% 杀灭菊酯烟剂，效果也很好。

5. 综合防治　有关温室白粉虱的综合防治没有一个具体的模式。最早有人提出过以诱捕成虫和寄生幼虫为主的综合防治措施，即在温室中采用黏性黄色诱捕器捕杀成虫，释放丽蚜小蜂防治若虫。后来，有人提出在温室中用丽蚜小蜂结合使用爱比菌素综合防治温室白粉虱的措施。还有研究者在希腊进行了 4 种防治温室白粉虱的方案试验：黄板诱捕＋灭螨蜢喷雾；丽蚜小蜂＋灭螨蜢喷雾；丽蚜小蜂＋黄板诱捕；噻嗪酮＋虫螨磷喷雾。结果表明，4 种方案均能有效地控制温室白粉虱种群，但以第 3 种方案综合防治效果最好。朱国仁等提出使用黄板诱捕成虫、以丽蚜小蜂防治若虫，结合使用烟剂和高效低毒的选择性杀虫剂综合控制温室白粉虱，又制订了以建立清洁温室定植无虫苗为基础，结合使用黄板诱捕器控制成虫，释放丽蚜小蜂防治若虫的综合防治措施，可将温室白粉虱种群数量控制在经济允许水平之下。

（二）烟 粉 虱

【别 名】 甘薯粉虱、棉粉虱。

【学 名】 *Bemisia tabaci* Gennadius，异名 *B. gossypiperda* Misra et Lam。

【分 类】 昆虫纲，同翅目，粉虱科。

【危害特点】 以成虫、若虫通过刺吸式口器刺吸叶片汁液，初期叶片出现白色小点，后期受害叶褪绿、变黄、萎蔫甚至枯死（图3-105）。烟粉虱还可能传播病毒病，能传播多达30种病毒，导致病毒扩展蔓延，引发寄主病毒病流行，造成重大损失。烟粉虱成虫、若虫分泌的蜜露能诱发煤污病等真菌病害，抑制作物光合作用，降低产量和品质（图3-106）。虫口密度高的田块最终因病毁苗，有的最终因病毁棚，甚至绝收。

图 3-105 成虫在叶背危害

图 3-106 烟粉虱危害引发煤污病

【形态特征】　烟粉虱的发育分卵、若虫、成虫3个阶段。

1. 卵　长梨形，卵长约0.2毫米，有小柄，与叶面垂直，大多散产于叶片背面。初产时淡黄绿色，孵化前颜色加深，呈深褐色（图3-107、图3-108）。

图3-107　卵

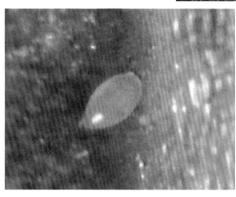

图3-108　卵
（长0.2毫米）

2. 若虫　共1龄，淡绿色至黄色。一龄若虫有触角和足，能爬行迁移（图3-109）。第一次蜕皮后，触角及足退化，固定在植株上取食。

图3-109　烟粉虱一龄若虫

3．蛹　三龄蜕皮后形成蛹，称伪蛹或拟蛹，蛹长 0.55 ～ 0.77 毫米，宽 0.36 ～ 0.53 毫米，背刚毛较少，4 对，背蜡孔少；头部边缘圆形，且较深弯。胸部气门褶不明显，背中央具疣突 2 ～ 5 个；侧背腹部具乳头状突起 8 个；侧背区微皱不宽，尾脊变化明显，瓶形孔大小 0.05 ～ 0.09 毫米 ×0.03 ～ 0.04 毫米，唇舌末端大小 0.02 ～ 0.05 毫米 ×0.02 ～ 0.03 毫米；盖瓣近圆形；尾沟 0.03 ～ 0.06 毫米（图 3–110）。蜕下的皮硬化成蛹壳，是识别粉虱种类的重要特征。烟粉虱种间蛹壳的基本特征差异较大，同一种类又有不同形态，每种形态都与不同的寄主相关。在有绒毛的植物叶片上形状不规则，多数蛹壳背部生有刚毛；而在光滑的植物叶片上，

多半蛹壳在发育中没有背部刚毛，其形态上也有体型大小和边缘是否规则的差异。

图 3–110　烟粉虱的蛹

4．成虫　体淡黄白色，体长 0.85 ～ 0.91 毫米，翅 2 对、白色、被蜡粉无斑点，前翅脉 1 条不分叉，静止时左右翅合拢呈屋脊状（图 3–111、图 3–112）。

图 3–111　成虫（俯视）

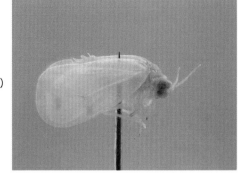

图3-112 成虫（侧视）

【发生规律】 烟粉虱的个体发育经历卵、若虫和成虫3个虫期，通常人们将四龄若虫称为伪蛹。在热带和亚热带地区1年发生11～15代，有世代重叠现象。在不同寄主植物上的发育时间各不相同，在25℃条件下，从卵发育到成虫需要18～30天不等。成虫的寿命为10～22天，每头雌虫可产卵30～300粒，在适合的植物上平均产卵200粒以上。也有报道，烟粉虱以26℃～28℃为最佳发育温度，在此温度下，卵期约5天，若虫期15天，成虫寿命30～60天，完成一个世代仅需19～27天。

刚孵化的烟粉虱若虫在叶背爬行，寻找合适的取食场所，数小时后即固定刺吸取食，直到成虫羽化。成虫喜欢群集于植株上部嫩叶背面吸食汁液，随着新叶长出，成虫不断向上部新叶转移。故出现由下向上扩散危害的垂直分布。最下部是蛹和刚羽化的成虫，中下部为若虫，中上部为即将孵化的黑色卵，上部嫩叶是成虫及其刚产下的卵。成虫喜欢无风温暖天气，喜群集，不善飞翔，对黄色有强烈的趋性。气温低于12℃成虫停止发育，14.5℃开始产卵，在21℃～33℃范围内随气温升高产卵量增加，高于40℃成虫死亡。相对湿度低于60%成虫停止产卵或死去。暴风雨能在一定程度上抑制其大发生，非灌溉区或浇水次数少的作物受害重。

烟粉虱寄主范围广泛，这是其发生严重的重要原因。该虫是一种多食性害虫，目前大棚中栽培的蔬菜品种基本上都能取食危害。体型小，可以随风传播扩散，也可以随农产品、种苗、运输工具进行远距离传播扩散，所以极易蔓延成灾。主要寄主有蔬菜、园林植物、烟草、观赏植物、棉花等，棚室蔬菜以番茄、黄瓜、茄子、西葫芦、卷心菜、芹菜、小油菜等为主。

繁殖力强，暴发危险性大。烟粉虱1年发生11~15代以上，繁殖力极强。虫态历期短、世代重叠、虫量大，即使采取农药防治措施，只要有少量虫口残存，极易在短期恢复虫口种群密度，对作物造成危害。在早春大棚内，由于气温较高，繁殖速度快，往往6月上旬就能暴发成灾。

越冬场所优越。在温暖地区，烟粉虱一般在杂草和花卉上越冬，在寒冷地区则在温室内的作物和杂草上越冬，春末迁至蔬菜、花卉和经济作物上。随温度的升高虫口数量迅速上升。随着保护地蔬菜面积迅速扩大，优化了烟粉虱的越冬条件，烟粉虱以各种虫态在温室内茄果类蔬菜上越冬，为其夏秋暴发提供了大量虫源基数。大量调查发现，日光温室蔬菜是烟粉虱的主要越冬寄主，而且从夏秋季原温室及其相邻田块寄主上烟粉虱的虫口密度大大高于其他地方。

【防治方法】

1. 农业防治

（1）清洁田园　田内外多种双子叶杂草都是烟粉虱适生寄主。因此，要通过化除和人工除草措施，清除田内外的杂草，恶化烟粉虱生存繁衍环境，减少虫源基数。同时，清除蔬菜作物老叶特别要注意及时摘除越冬大棚茄子早春时期下部老叶，对已收获的瓜果蔬菜或因虫毁苗的作物残体要尽早清理，集中堆积后喷药灭杀或烧毁，减少虫源。

（2）合理安排茬口　由于该虫能够在田间多种作物之间传播，

因此要按地域综合考虑防治问题，而不是按蔬菜种类分别进行防治。上半年茄果类、瓜类蔬菜烟粉虱危害较重的棚室，秋冬季轮作甘蓝、花椰菜、芹菜等对烟粉虱有较强抗性的蔬菜，适当压缩瓜类、茄果类蔬菜种植面积。

（3）培育无虫苗　育苗时要把苗床和生产温室分开，育苗前先彻底消毒，幼苗上有虫时在定植前要清理干净。

2．物理防治　黄板诱杀。利用烟粉虱趋黄性，在大棚内挂黄板诱杀。可以用废纸盒或纸箱剪成 30 厘米 ×40 厘米大小，漆成黄色，晾干后涂上机油与少量黄油调成的油膏，挂在距作物顶部 10 厘米处，每 667 米^2 设施 50 块左右，每隔 7～10 天涂 1 次机油。安装防虫网保护地的放风口、通风口可以安装网孔 0.45 毫米的防虫网阻隔烟粉虱由外边迁入。

3．生物防治　以虫治虫充分利用和保护瓢虫、草蛉等捕食性天敌以及丽蚜小蜂等寄生性天敌，在保护地内烟粉虱成虫密度 0.5 头／株时，即可开始放蜂，7～10 天放蜂 1 次，共放 3～5 次，第 1 次 3 头／株，以后 5 头／株，原则上蜂虫比 3:1 为宜。生物农药根据田间药剂试验，初步明确生物农药 0.3%甲基阿楝 1 000～3 000 倍液，1.8%阿维菌素 1 000～3 000 倍液对烟粉虱有较好的防治效果，尤其对高成虫和高龄若虫的防治效果更好，达 90%左右。大蒜汁按 1:20 喷雾，芥茉油按 1:50 喷雾，药液用量为每 667 米^2 施 3 千克，有明显的驱避作用，可减少成虫的产卵量。

4．化学防治　防治时要考虑蔬菜安全间隔期，遵循无公害防治原则，尽量使用低毒低残留农药。在烟粉虱零星发生时开始喷药，可以选择喷洒下列农药：20%扑虱灵可湿性粉剂 1 500 倍液，10%吡虫啉可湿性粉剂 1 500 倍液，25%灭螨猛乳油 1 000 倍液，20%灭扫利乳油 2 000 倍液，25%噻嗪酮可湿性粉剂 1 500 倍液，1%

阿维菌素乳油4 000倍液，2.5%联苯菊酯乳油3 000倍液，25%
噻虫嗪水分散颗粒剂5 000倍液，5%虱螨脲乳油1 000 ~ 1 500倍液，
0.9%阿维·印楝素乳油1 200倍液，20%甲氰菊酯乳油2 000倍液，
10.8%吡丙醚乳油1 000倍液等，为提高防效，隔7 ~ 10天左右1次，
连续防治2 ~ 3次。发生盛期每5 ~ 7天防治1次，连续数次，
达到完全控制虫口密度为止。不同药剂轮换使用，以免产生抗药性。
施药时间以早晨6 ~ 7时为宜，因为此时温度较低，烟粉虱活动
不频繁。施药时应注意着重喷洒成虫、若虫、卵着生的叶片背面，
从上至下逐步喷洒。

也可用药剂熏杀成虫，选在傍晚棚温25℃以上时，闭棚熏蒸。

（三）桃　蚜

【别　名】 腻虫、烟蚜、桃赤蚜、油汉。

【学　名】 *Myzus persicae* (Sulzer)。

【分　类】 昆虫纲，同翅目，蚜科。

【危害特点】 主要危害嫩叶、嫩梢、嫩茎及生长点。

1. 叶片　蚜虫附着在叶面，吸取叶片的汁液，吸食处形成褪
色斑点。使叶片卷缩
变形，褪绿变黄，影
响生长，导致生长缓
慢，严重时生长停滞
（图3-113）。有时
蚜虫还会传染病毒病。

图3-113　桃蚜
危害叶片正面

2. 茎　茎部也有可能受害，但由于组织致密，受害程度较轻（图
3-114）。

图 3-114　茎受害状

3. 植株　顶部幼小叶片变细变小，且心叶卷缩，甚至畸形，导致整个植株矮小（图 3-115）。

图 3-115　植株顶部受害

4. 果实　危害严重时，果实也会受害，果实表面布满蚜虫，影响果实发育，甚至形成畸形果（图 3-116）。

图 3-116　受害果实

【形态特征】

1. 卵　椭圆形，长 0.5 ~ 0.7 毫米，初为橙黄色，后变成漆黑色而有光泽。

2. 无翅孤雌蚜　体长约 2.6 毫米，宽 1.1 毫米，体色有绿色、黄绿色、洋红色。额瘤发达，向内倾斜，腹管长筒形，端部色深，中后部膨大，末端有明显缢缩。尾片圆锥形，近端部缢缩，两侧各有3根长毛（图3-117、图3-118、图3-119）。

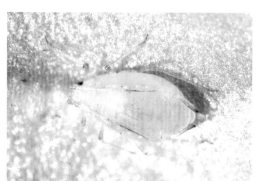

图 3-117 黄绿色无翅胎生蚜

图 3-118 洋红色无翅胎生雌蚜

图 3-119 黑褐色无翅胎生蚜

3. 有翅孤雌蚜 体长2毫米。头、胸黑色，腹部淡绿色、背面有淡黑色斑纹，翅无色透明，翅痣灰黄或青黄色（图3-120）。

图 3-120　有翅
胎生蚜（俯视）

4．有翅雄蚜　体长 1.3 ～ 1.9 毫米，体色深绿、灰黄、暗红或红褐。头胸部黑色。

【发生规律】

桃蚜一般营全周期生活。早春，越冬卵孵化为干母，在冬寄主上营孤雌胎生，繁殖数代皆为干雌。断霜以后，产生有翅胎生雌蚜，迁飞到十字花科、茄科作物等侨居寄主上危害，并不断营孤雌胎生繁殖出无翅胎生雌蚜，继续进行危害。直至晚秋，当夏寄主衰老，不利于桃蚜生活时，才产生有翅性母蚜，迁飞到冬寄主上，生出无翅卵生雌蚜和有翅雄蚜，雌雄交配后，在冬寄主植物上产卵越冬。越冬卵抗寒力很强，即使在北方高寒地区也能安全越冬。桃蚜也可以一直营孤雌生殖的不全周期生活，比如在北方地区的冬季，仍可在温室内的茄果类蔬菜上继续繁殖危害。

桃蚜的繁殖很快，华北地区 1 年可发生 10 余代，长江流域 1 年发生 20 ～ 30 代。春季气温达 6℃以上开始活动，在越冬寄主上繁殖 2 ～ 3 代，于 4 月底产生有翅蚜迁飞到露地蔬菜上，繁殖危害，直到秋末冬初又产生有翅蚜迁飞到保护地内。早春晚秋 19 ～ 20 天完成 1 代，夏秋高温时期，4 ～ 5 天繁殖 1 代。1 只无翅胎生蚜可产出 60 ～ 70 只若蚜，产期持续 20 余天。

桃蚜靠有翅蚜迁飞向远距离扩散。1 年内有翅蚜迁飞 3 次。

第一次是越冬后桃蚜从冬寄主向夏寄主上的迁飞。因此，冬寄主上的蚜虫是露地茄子的主要蚜源。在菜区，温室内的桃蚜，由于冬茬植株衰老，营养条件恶化，大量产生有翅蚜，这也会成为露地茄子重要蚜源。起初，在近邻蚜源处的侨居寄主呈点片形式发生和受害。在时间上常与露地茄子定植、马铃薯出土、洋槐开花、柳树飞絮、榆鲸黄熟等物候相吻合。据此可预测桃蚜第 1 次迁飞的时间。

第二次是在夏寄主作物内或夏寄主作物之间的迁飞，这次迁飞来势猛，面积大，受害重。当有翅蚜占蚜虫总量 30% 时，7 ~ 10 天后即 5 月中旬至 6 月中旬便是有翅蚜迁飞的高峰期。

第三次是桃蚜从夏寄主向冬寄主上的迁飞，一般在 10 月中旬，天气较冷，蚜虫的夏寄主植株衰老，营养条件变差时期。

桃蚜在不同年份发生量不同，主要受雨量、气温等气候因子所影响。一般气温适中（16℃ ~ 22℃）桃蚜发生量大，降雨是蚜虫发生的限制因素。

【防治方法】

1. 农业防治　清除虫源植物，播种前清洁育苗场地，拔掉杂草和各种残株。定植前尽早铲除田园周围的杂草，连同田间的残株落叶一并焚烧。加强田间管理，创造湿润而不利于蚜虫滋生的田间小气候。间作玉米，在 1 米宽畦的两行之间，按 2 米株距于定植前 6 ~ 7 天点播玉米，使玉米尽快高于茄子，起到适当遮荫、降温和防止蚜虫传毒的作用。

2. 物理防治　黄板诱蚜，在周围设置黄色板，即把涂满橙黄色 66 厘米见方的塑料薄膜，从 66 厘米长、33 厘米宽的长方形框的上方使涂黄面朝内包住夹紧。插在田间，高出地面 0.5 米，隔 3 ~ 5 米远 1 块，再在没涂色的外面涂以机油，这样可以大量诱杀有翅蚜。银膜避蚜，用银灰色地膜覆盖畦面。

3. 药剂防治　必要时进行药剂防治，侧重喷叶片背面，可选用下列药剂：40% 乐果乳油 1 000 倍液，50% 马拉硫磷乳油 1 500 倍液，50% 二嗪磷乳油 1 000 倍液，50% 辛硫磷乳油 1 500 倍液，50% 杀螟硫磷乳油 1 000 倍液，40% 乙酰甲胺磷乳油 1 000 倍液，25% 喹硫磷乳油 1 000 倍液，25% 亚胺硫磷乳油 800 倍液，50% 倍硫磷乳油 1 500 倍液，50% 辟蚜雾可溶性粉剂 2 000 倍液，2.5% 溴氰菊酯乳油 3 000 倍液，20% 杀灭菊酯乳油 4 000 倍液，10% 二氯苯醚酯乳油 5 000 倍液，10% 氯氰菊酯乳油 4 000 倍液，50% 灭蚜松乳油 1 500 倍液，21% 菊·马乳油 4 000 倍液等。

（四）瓜　蚜

【别　名】棉蚜，俗名"腻虫"。

【学　名】*Aphis gosypii* Glover。

【分　类】昆虫纲，同翅目，蚜科。

【危害特点】瓜蚜主要危害温室和露地的黄瓜、南瓜、冬瓜、西瓜和甜瓜以及茄科、豆科、菊科、十字花蔬菜。寄主种类极多，已知全世界有 74 科 285 种植物，我国记载有 113 种。成虫和若虫群集在叶片正面和背面，以及嫩梢、嫩茎上吸食汁液，分泌蜜露。嫩叶及生长点被害后，叶片卷缩，严重时叶片干枯以致死亡（图 3-121、图 3-122）。植株生长停滞，甚至全株萎蔫死亡。瓜蚜还能传播病毒病。

图 3-121　叶片受害状

图 3-122　蚜虫
聚集在叶背危害

【形态特征】

1. 卵　圆形，初产时橙黄色，后多为暗绿色，有光泽。

2. 若蚜　共 4 龄，体长 0.5 ～ 1.4 毫米，复眼红色，无尾片。一龄若蚜触角 4 节，腹管长宽相等；二龄触角 5 节，腹管长为宽的 2 倍；三龄触角也为 5 节，腹管长为一龄的 2 倍；四龄触角 6 节，腹管长度为 2 龄的 2 倍。无翅若蚜夏季体黄色或黄绿色，春、秋季为蓝灰色，复眼红色。有翅若蚜在第 3 龄后可见翅芽 2 对，翅芽后半部为灰黄色，夏季淡黄色，春、秋季为灰黄色。

3. 无翅胎生雌蚜　体长 1.5 ～ 1.9 毫米，卵圆形，无翅，全身有蜡粉，夏季黄绿色，春秋深绿色。体表具清楚的网纹构造。前胸、腹部第一节和第七节有缘瘤。触角不及体长的 2/3，第 3 节至第 6 节的长度比例为 100:69:69:43 ～ 94，尾片常有毛 5 根（图 3-123）。盛夏常发生小型蚜（伏蚜），体长减半，可见触角 5 节，体淡黄色。

图 3-123　无翅胎生雌蚜

4. 有翅胎生雌蚜　体长为 1.2 ～ 1.9 毫米，长卵圆形，有翅。头部和胸部黑色，腹部深绿色至黄色，春秋多深绿色，夏季多黄色。腹背各节间斑明显。触角比身体短，黑色，第 3 节至第 6 节的长度比例为 100 : 76 : 76 : 48 ～ 128，第 3 节常次生感觉圈 6 ～ 7 个，排成 1 列，腹管和尾片黑色，腹管短，腹管长度约为尾片的 1.8 倍，尾片有毛 6 根（图 3-124）。

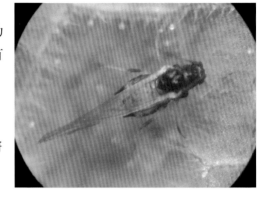

图 3-124　有翅胎生雌蚜

【发生规律】瓜蚜在华北地区 1 年发生 10 多代，于 4 月底产生有翅蚜迁飞到露地蔬菜上繁殖危害，直至秋末冬初又产生有翅蚜迁入保护地。以北京地区为例，露地栽培时，以 6 ～ 7 月虫口密度最大，危害严重，7 月中旬以后因高温高湿和降雨冲刷，不利于蚜虫生长发育，危害减轻。

瓜蚜无滞育现象，无论在南方或北方均可周年发生，在华南和云南等地可终年进行无性繁殖。冬季在北方温室内，也可继续繁殖，第二年的 2 ～ 3 月间，在 5 天平均气温达 6℃ 时，越冬卵孵化为"干母"，当气温到 12℃ 时，便开始胎生"干雌"，在冬寄主上行孤雌生殖，胎生繁殖两代，然后产生有翅胎生雌蚜，大约在 4 ～ 5 月间，从冬寄主植物向夏寄主植物上迁飞，转向瓜类、茄果类或其他夏季寄主上危害。在夏寄主上不断以孤雌胎生方式繁殖有翅或无翅雌蚜，增殖和扩大危害。

瓜蚜的繁殖能力很强，平均气温稳定在 12℃ 以上就开始繁殖，每头雌蚜产若虫 60 ~ 70 头，有的能达到上百头。当营养条件恶化时，产生大量迁移蚜，进行扩散和迁移。瓜蚜发育快，在春秋季 10 余天即可完成 1 代，夏季只需 4 ~ 5 天即可完成 1 代，每龄只需 1 天。

瓜蚜在我国大部地区有两种繁殖方式：一种是有性繁殖，即晚秋时，雌雄性蚜交配繁殖；另一种是孤雌生殖，即胎生雌蚜不经过交配，以卵胎生繁殖，直接产生若蚜，这是瓜蚜的主要繁殖方式。

瓜蚜具有较强的迁飞扩散能力，主要是靠有翅蚜的迁飞，无翅蚜通过爬行及借助风力的携带，在寄主间转移、扩散。一般当有翅蚜和有翅若蚜占总蚜的 15% 左右时，就意味着在 5 天以后将出现大量的有翅蚜迁飞。一日之中，其迁飞高峰通常在上午 7 ~ 9 时和下午 16 ~ 18 时 具有向阳飞行特点。

瓜蚜的生长发育与温、湿度有密切关系，瓜蚜繁殖的最适宜温度为 16℃ ~ 20℃，北方温度在 25℃ 以上，南方在 27℃ 以上，即可抑制其发育。5 日平均温度在 25℃ 以上及平均湿度在 75% 以上时，对其繁殖不利，虫口密度会被迫下降，相对湿度在 75% 以上，大发生的可能性小，干旱年代适于瓜蚜发生，故北方蚜害较南方重，雨水对瓜蚜的发生有一定影响，尤其是暴雨可直接冲刷蚜虫，迅速降低蚜虫密度。

【防治方法】

1. 农业防治　消灭虫源。木槿、石榴及菜田附近的枯草、蔬菜收获后的残株病叶等，都是蚜虫的主要越冬寄主。因此，在冬前、冬季及春季要彻底清洁田间，清除菜田附近杂草，或在早春对木槿、石榴等寄主喷药。无论是集体还是个体经营的菜田，都要约定时间，同时用药，避免有翅蚜在各地块间迁飞，降低用药效果。科学栽培。合理安排蔬菜茬口可减少蚜虫危害。例如，韭菜挥发的气味对蚜虫有驱避作用，可与茄子等蔬菜搭配种植，能降低蚜虫的密度，减轻蚜虫危害。也可在栽培田周围种玉米、架菜豆、高粱等高大作物，截留蚜虫，减少迁飞到菜田内的蚜虫数量。

2．生物防治　主要是指利用这个植物或植物源药剂以及蚜虫的天敌防治蚜虫。

（1）植物灭蚜　烟草磨成细粉，加少量石灰粉，撒施；辣椒或野蒿加水浸泡1昼夜，过滤后喷洒；蓖麻叶粉碎后撒施，或与水按1∶2混合，煮10分钟后过滤喷洒；桃叶在水中浸泡1昼夜，加少量石灰，过滤后喷洒。

（2）利用天敌　蚜虫的天敌有七星瓢虫、异色瓢虫、龟纹瓢虫、草蛉、食蚜蝇、食虫蝽、蚜茧蜂及蚜霉菌等，应选用高效低毒的杀虫剂，并应尽量减少农药的使用次数，保护这些天敌，以天敌来控制蚜虫数量，使蚜虫的种群控制在不足危害的数量之内。也可人工饲养或捕捉天敌，在菜田内释放，控制蚜虫。

3．物理防治　主要是利用蚜虫的对颜色的趋性和逃避性防蚜。

（1）避蚜　利用银灰色对蚜虫的驱避作用，防止蚜虫迁飞到菜地内。银灰色对蚜虫有较强的驱避性，可用银灰地膜覆盖蔬菜。先按栽培要求整地，用银灰色薄膜（银膜）代替普通地膜覆盖，然后再定植或播种。挂条，蔬菜定植搭架后，在菜田上方拉2条10厘米宽的银膜（与菜畦平行），并随蔬菜的生长，逐渐向上移动银膜条。也可在棚室周围的棚架上与地面平行拉1～2条银膜。可用银灰色薄膜覆盖小拱棚或用银灰色遮阳网覆盖菜田，也可起到避蚜作用。

（2）黄板诱蚜　有翅成蚜对黄色、橙黄色有较强的趋性。取一块长方形的硬纸板或纤维板，板的大小一般为30厘米×50厘米，先涂一层黄色水粉或油漆，晾干后，再涂一层粘性机油；也可直接购买黄色吹塑纸，裁成适宜大小，而后涂抹机油。把此板插入田间，或悬挂在蔬菜行间，高于蔬菜0.5米左右，利用机油粘杀蚜虫，经常检查并涂抹机油。黄板诱满蚜后要及时更换，此法还可测报蚜虫发生趋势。

4. 药剂防治　采用燃放烟剂, 喷粉, 喷雾等多种方法进行药剂防治。

(1) 燃放烟剂　适合在保护地内防蚜, 每 667 米^2 用 10% 杀瓜蚜烟雾剂 0.5 千克, 或用 10% 氰戊菊酯烟雾剂 0.5 千克。把烟雾剂均分成 4 ~ 5 堆, 摆放在田埂上, 傍晚覆盖草苫后用暗火点燃, 人退出温室, 关好门, 次日早晨通风后再进入温室。

(2) 喷粉尘剂　适合在保护地内防蚜, 傍晚密闭棚室, 每 667 米^2 用灭蚜粉尘剂 1 千克, 用手摇喷粉器喷施。在大棚内, 施药者站在中间走道的一端, 退行喷粉; 在温室内, 施药者站在靠近后墙处, 面朝南, 侧行喷粉。每分钟转动喷粉器手柄 30 圈, 把喷粉管对准蔬菜作物上空, 左右匀速摆动喷粉, 不可对准蔬菜喷, 也不需进入行间喷。人退出门外, 药应喷完, 若有剩余, 可在棚室外不同位置, 把喷管伸入棚室内, 喷入剩余药粉。

(3) 喷雾　及时选择喷洒下列药剂: 25% 噻虫嗪水分散粒剂 5 000 倍液, 25% 吡蚜酮可湿性粉剂 3 000 倍液, 50% 辛硫磷乳油 1 000 倍液, 10% 吡虫啉乳油 4 000 倍液, 3% 啶虫脒乳油 3 000 倍液, 5% 啶虫脒可湿性粉剂 3 000 倍液, 1.8% 阿维菌素乳油 2 000 倍液, 50% 烯啶虫胺水分散粒剂 2 000 倍液, 2.5% 溴氰菊酯乳油 2 000 ~ 3 000 倍液, 20% 丁硫克百威 1 000 倍液, 40% 菊·马乳油 2 000 ~ 3 000 倍液, 40% 菊·杀乳油 4 000 倍液, 5% 顺式氯氰菊酯乳油 1 500 倍液, 15% 哒螨灵乳油 2 500 ~ 3 500 倍液, 4.5% 高效氯氰菊酯 3 000 ~ 3 500 倍液等药剂, 用其中之一即可。

(4) 洗衣粉灭蚜　有菜农曾使用洗衣粉防治蚜虫, 洗衣粉的主要成分是十二烷基苯磺酸钠, 对蚜虫等有较强的触杀作用。因此, 可用洗衣粉 400 ~ 500 倍液灭蚜, 每 667 米^2 用液 60 ~ 80 千克, 喷 2 ~ 3 次, 可收到较好的防治效果。